KB143849

돌연변이 용과 함께 배우는 유전학

귀인중학교도서관
2021 .05. 27
No.

Cómo explicar genética con un dragón mutante
© 2017, Mala Óbita, S.L.
Helena González Burón, Javier Santaolalla Camino, Oriol Marimon Garrido,
Pablo Barrecheguren Manero and Eduardo Saenz de Cabezón Irigarai
© 2017, Penguin Random House Grupo Editorial S.A.U.
Travessera de gràcia, 47-49. 08021 Barcelona
© 2017, Alejandra Morenilla, for the illustrations
Cover design: Penguin Random House Grupo Editorial / Manuel Esclapez

Korean translation © 2019, Totobook Publishing Co.
All rights reserved
Korean translation rights arranged with
Penguin Random House Grupo Editorial through Orange Agency.

이 책의 한국어판 저작권은 오렌지 에이전시를 통한 저작권자와의 독점 계약으로 토토북에 있습니다.
저작권법에 의해 한국 내에서 보호를 받는 저작물이므로 무단 전재와 복제를 금합니다.

빅반 지음

엘레나 곤살레스 부론

하비에르 산타올라야 카미노

오리올 마리몬 가리도

파블로 바레체구렌 마네로

에두아르도 사엔스 데 카베손 이리가라이

남진희 옮김

※ 본문의 보충 글이나 풀이 글은 모두 옮긴이가 작성한 것이다.

차례

프롤로그 007

CHAPTER 1
유전 021

CHAPTER 2
DNA는 무엇일까? 043

CHAPTER 3
돌연변이 073

CHAPTER 4
형질전환 093

CHAPTER 5
진화 121

CHAPTER 6
복제 145

CHAPTER 7
후성유전학 169

프롤로그

"필리핀으로! 더도 덜도 아니고 바로 필리핀! 우린 필리핀으로 갈 거야!"

사실 아다와 막스는 부모님을 설득하는 데 좀 힘이 들긴 했다. 사투르니나 이모와 머나먼 필리핀까지 여행 가게 해 달라고 허락을 구하는 데 말이다. 그것도 3주씩이나! 멋쟁이 이모는 맘만 먹으면 이 세상에서 자기 것으로 못 만드는 게 없을 정도이다. 상대가 녹초가 될 때까지 끈질기게 달라붙는 스타일이어서 덕분에 누구든 설득할 수 있다. 그것도 언제나 사랑스럽고 매력적인 방법으로.

자, 이제 필리핀에서 꿈같은 방학을 보낼 준비가 다 됐다! 가방도 좀 지나치다 싶을 정도로 꾸려 놓았고, 이모는 입이 귀에 걸릴 정도의 함박웃음과 함께 전문가급 장비로 중무장했다.

"이모, 짐이 너무 많다는 생각 안 들어요? 우리가 좀 들어 드릴 테니까 이리 주세요."

아다는 이모의 총총걸음을 따라가긴 했지만 여유를 부리며 이야기했다.

"이 느림보들아! 세세한 데까지 생각해야 할 거 아냐. 어떤 상황

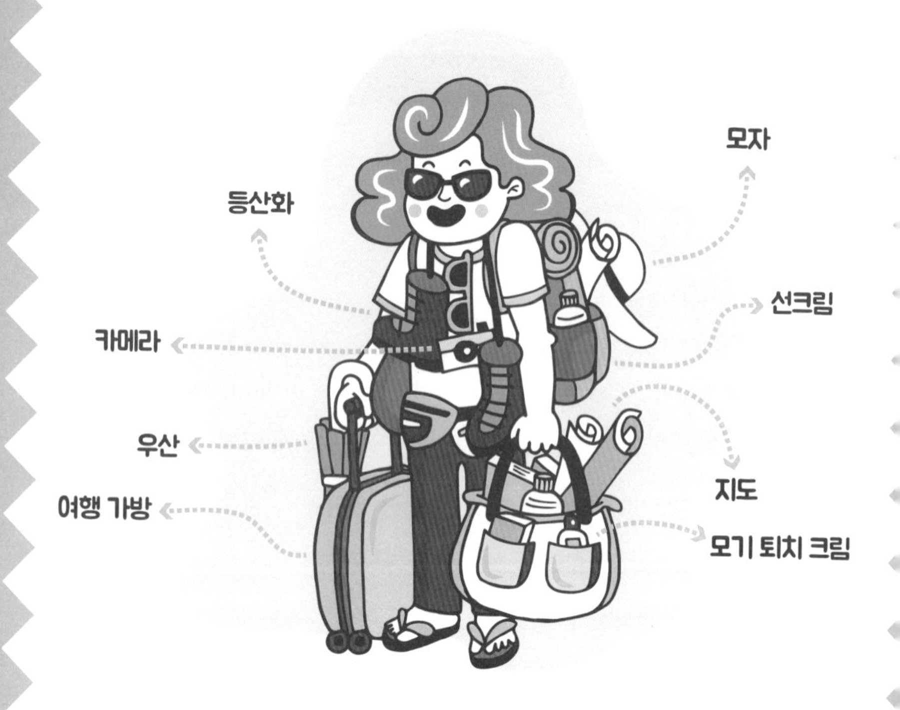

에 맞닥뜨릴지도 모르는데. 자, 빨리 서둘러! 잘못하면 탑승구가 닫힐지 모른다고. 막스, 관광 안내서는 그만 봐! 사람들하고 부딪힐 뻔했잖아. 비행기 안에서도 읽을 시간은 충분해. 늦겠다, 늦겠어, 늦겠다고!"

이모의 잔소리에도 막스는 여전히 안내서에만 몰두했다.

"이모, 필리핀 사람들이 사용하는 필리핀어 말이에요. 타갈로그어와 스페인어가 섞여 있대요. 와! 필리핀 사람들이 우리 스페인

말을 알아들을 수 있는 거잖아요."

막스는 비행기를 타고 다른 나라에 간다는 사실만으로도 흥분되었다. 지금까지 단 한 번도 스페인 밖으로 나가 본 적이 없기 때문이다. 이번이 첫 해외여행인 셈인데 게다가 다른 대륙으로 날아간다니…….

갑작스런 소란에 공항에 있던 사람들이 일제히 고개를 돌려 아다 일행을 바라보았다. 셋의 알록달록한 장비가 소용돌이를 일으키며 공항 로비를 가로질러 마닐라행 비행기 탑승구 쪽으로 달려갔다. 마치 유전자 돌연변이로 인해 몸통은 수만 가지 색깔에 머리는 셋이고, 다리는 여섯인 괴물 같았다. 탑승구에 선 승무원이 차분하게 이들을 맞아 주었다.

"걱정하지 마세요. 시간 맞춰 잘 오셨습니다. 그런데 승객 한 분의 수하물 문제로 비행기 출발이 조금 지연될 거 같아요. 얼른 탑승하세요!"

한편 탑승구 옆에선 한바탕 끔찍한 소란이 일었다. 수많은 경찰관이 한 사람을 포위했고, 우주 비행사처럼 하얀 방호복을 갖춰 입은 건장한 몸의 공항 보안 요원들이 무지개처럼 알록달록한 연기를 뿜어내는 가방 주변으로 경계선을 확보하려고 분주하게 움직였다.

"이모, 막스! 저기 있는……?"

아다는 걸음을 멈추려고 했지만, 이모는 막무가내로 비행기 안으로 아다를 잡아끌었다. 그 소란을 한가하게 바라보고 있을 시간이 없었다. 이모가 재촉한 덕분에 겨우 비행기에 올랐다. 비행기는 이미 승객으로 가득 차 있었다.

"이제야 안심이네. 드디어 비행기에 탔어. 아다, 너는 창가 좌석이구나. 운도 좋다."

"에에…… 그런데…… 이모한테 양보할게요. 저는 가운데에 앉고 싶어요. 그래야 이모하고 막스, 모두와 이야기할 수 있으니까요."

"으응, 한마디로 무섭다는 거네. 아다는 비행기가 무서운가 봐요."

아다는 입을 꽉 다물고 막스를 노려보았다.

"아다, 무서워하지 않아도 돼. 내가 지켜……."

그 순간 막스의 눈이 쟁반같이 커지면서 말을 멈추었다. 여전히 입은 헤 벌린 채였다. 비행기 통로로 하얀 방호복을 입은 보안 요원 두 명이 무지개색 연기를 내뿜는 가방의 주인을 감시하며 걸어오고 있었다. 승객 사이에선 분노의 시선이 쏟아져 나왔다. 그러나 막스를 놀라게 한 것은 보안 요원이 아니라, 그들이 감시의 눈길을 보내고 있는 사람이었다.

"시그마 아저씨다!"

아다와 막스는 동시에 깜짝 놀라 소리쳤다. 너무 기쁜 나머지 손을 흔들며 펄쩍펄쩍 뛰었다. 그 순간 승객 250명의 분노의 시선이 두 조카와 이모에게로 쏠렸다. 시그마 아저씨는 이모 옆집에 사는 좀 엉뚱하긴 하지만 카리스마 넘치는 과학자이다. 아저씨는 보안 요원의 감시를 받으며 그들 옆을 지나쳤다. 무지개색 분말 봉지가 터지면서 그 가루가 아저씨 얼굴과 머리카락 그리고 옷 위로 온통 쏟아진 듯했다. 그런데도 아저씨는 여유로운 웃음을 띠고, 조금은 과장된 몸짓과 함께 여행용 빗으로 앞머리를 빗어 올렸다.

"애들아, 안녕! 사투르니나 아주머니! 오, 이럴 수가!"

보안 요원들은 아저씨가 멈출 틈을 주지 않았다. 모두가 지켜보는 가운데 아저씨를 비행기 안쪽으로 거칠게 밀어붙였다.

"자, 서두르십시오. 당신 때문에 출발이 얼마나 지연됐는지 아십니까. 빨리 들어가십시오! 더 이상 지체할 수 없습니다!"

"애들아, 조금 있다가 이야기하자."

아저씨는 밝은 웃음을 잃지 않았다. 결국 뒤를 돌아보며 걷다가 좌석에 부딪혀 또다시 사람들의 투덜거리는 소리를 들으며 자기 자리로 가야만 했다.

드디어 비행기 안이 조용해졌다. 비행기가 이륙을 시작하자 아다는 막스의 팔을 떨어져라 꽉 움켜잡았다. 그러자 막스는 농담을 시작으로 필리핀에 대해, 그 나라의 지리와 역사와 풍속, 방문할 곳 등에 대해 알려 주며 아다를 진정시키려고 했다.

이모는 이륙 전부터 비행 모드에 들어가 있었다. 빛으로부터 눈을 보호하기 위해 복면 모양의 눈가리개를, 귀에는 귀마개를 하고, 목에는 바람을 집어넣은 베개를 받쳤다. 이모는 그 상태 그대로 고개를 뒤로 젖힌 채 완벽한 수면에 빠졌다. 그러고는 입을 벌리고 코를 고는데, 마치 천식에 걸린 하마가 낼 법한 어마어마한 소리가 났다. 그로부터 몇 시간이 지나고……. 비행기는 지중해를 날아 아시아 대륙에 들어섰다.

아다와 막스는 이모의 코 고는 소리를 모차르트의 트롬본을 위한 소나타 33번 D장조로 새겨듣기로 했다. 잠시 후 둘은 이모를 놔두고 시그마 아저씨를 보러 비행기 뒤쪽으로 갔다.

아저씨는 검은 머리에 총명하게 생긴 얼굴, 살아 있는 눈동자, 조그만 코, 그리고 주근깨가 많은 한 여성과 신나게 이야기를 주고받고 있었다.

"얘들아! 호세리타에게 막 너희 이야기를 하고 있던 참인데, 우선 여기 앉으렴. 호세리타, 얘들은 아다와 막스야. 뛰어난 천재들이지. 우리 멋진 이웃 사투르니나 아주머니의 조카들인데, 차분하진 않지만 머리는 정말 잘 돌아가. 자, 이쪽은 내가 새로 사귄 친구 호세리타란다."

"안녕!"

호세리타는 미소를 띠며 반갑게 인사했다. 그 미소에 막스는 조금은 넋을 잃은 표정을 지었고, 아다는 그런 막스의 표정에 웃음을 참지 못했다.

"마간당 가비!"

막스가 용기를 내어 입을 열었다.

"너 필리핀어도 할 줄 아니?"

시그마 아저씨가 대단하다는 표정을 지었다. 그 순간 아다는 웃음을 터트렸다.

"마간당 가비가 저녁 인사잖아요. 그것밖엔 할 줄 몰라요. 그렇지만 필리핀어를 배울 생각은 있어요."

막스는 팔꿈치로 아다를 툭 건드리며 말을 받았다.

"아저씨, 그런데 공항에서 도대체 뭘 하신 거예요? 그리고 왜 갑자기 필리핀에 가시는 거예요?"

"그건 앞으로 차차 알게 될 거야. 우리가 좋아하는 양자물리학에서도 이야기를 나눴듯이 모든 것은 서로 연결되어 있고, 얽혀 있으니까."

아저씨는 이번엔 호세리타를 바라보며 이야기를 이어 갔다.

"이 굼벵이들과 내가 지난해에 어떤 모험을 했는지 너도 곧 알게 될 거야."

"얘들아, 지금 난 필리핀으로 특강을 하러 가는 길이야. 최근 신물질과 관련된 물리학 분야에서 이룬 진척에 대해 필리핀의 명망 있는 딜리만 대학교의 박사 과정 학생들에게 해 줄 이야기가 많거든. 실패작이 된 소중한 내 가방에는 이번 특강의 주최를 맡은 마르코 핀치 교수에게 줄 선물이 들어 있었어. 핀치 교수가 관심 있어 하는 신물질인 그래핀이랑 실험을 같이할 다른 물질도 함께 있었지. 그래핀은 인체에 전혀 해가 없는 데다가 위험성도 없어. 탄소 원자로만 이루어진 단순한 것이니까. 그래서 미래의 신소재로 굉장한 주목을 받고 있지.

여하튼 내 발명품과 관련된 장치를 가방에 담아도 좋다는 항공사의 허가도 받았고. 가방을 열면 무지개색 연기가 피어오르게 되어 있었지. 핀치 교수를 좀 재미있게 해 줄 생각이었거든. 너희도 잘 알다시피 나는 이런 장난을 정말 좋아하잖아. 그런데 뭔가 좀 잘못된 것 같아. 여러 가지 색의 가스를 내뿜도록 설계된 장치가 그만 공항에서 우연히 터져 버린 거야. 뭐 그렇게 큰 문제는 아니었는데, 공항 관계자들은 상당히 예민하게 굴더라고. 사실 굉장히 재미있는 건데."

아저씨는 빙그레 웃음을 지었다. 어떤 승객은 '재미있는'이라는 아저씨의 말을 듣곤 가쁜 숨을 몰아쉬며 기분 나쁜 표정으로 돌아보았다.

"시그마 아저씨! 아저씨는 장난이 너무 심해요. 누가 공항에서 가스를 내뿜는 장치를 가방에 넣을 생각을 하겠어요. 보안 요원이 아저씨를 강제로 붙잡아 놓을 수도 있었다고요."

"그렇지 않아도 경찰은 그러려고 했어. 그런데 딜리만 대학교에서 열리는 강좌가 굉장히 중요하다고 설득했지. 가방 속 물질이 사람에게 아무런 해가 없다는 점도 말이야. 내 천부적인 사교성도 무시할 수 없었을 테고."

아저씨는 앞머리를 살짝 치켜들며 이야기를 계속했다.

"그렇지만 아직 너희는 최고의 뉴스는 모르고 있어. 이번에 필리핀에 가면 딜리만 대학교 유전학과에서 몇 가지 실험을 할 예정인데, 얼마나 멋진 우연의 일치가 일어났는지 아니?"

그 순간 아저씨가 자리에서 벌떡 일어나는 바람에 기내에 설치

돼 있던 산소마스크가 바닥으로 떨어지고 말았다. 승무원이 얼른 달려와 조심해 달라고 짜증스럽게 이야기했다. 또다시 250명 승객의 눈에서 불이 뿜어져 나왔다.

"쉬이잇, 목소리 좀 낮추세요. 근데 어떤 일인데요? 무슨 우연의 일치요?"

아다가 얼른 아저씨의 말을 받았다.

"여기 내 친구 호세리타는 필리핀 정부에서 받은 성적 장학금으로 스페인에서 공부를 마치고 돌아가는 길이야. 호세리타는 **유전학** 분야를 연구하는 학생인데, 지금 내가 특강하러 가는 딜리만 대학교에서 장학금 프로그램의 후반부 연구를 하게 돼 있더라고. 우리는 유명한 마르코 핀치 교수의 연구실에서 함께 일하게 된 거야. 정말 놀랍지 않니?"

"우아, 징말요?"

아다는 호세리타에게 지난해 여름방학에 시그마 아저씨와 함께 했던 멋진 모험에 대해서 들려주었다. 그러는 동안 막스와 시그마 아저씨는 필리핀 관광 안내서를 공부하며 계획도 짜고 타갈로그어를 몇 마디 배우기도 했다.

아저씨는 더 이상 문제를 일으키진 않았다. 덕분에 승무원에게서 이 괴물 같은 아저씨를 잠잠하게, 다시 말해 엉뚱한 짓을 하지 못하도록 한 보답으로 초콜릿 바를 선물받기까지 했다. 하지만 비행기에서 내릴 때 아저씨는 다시 가방 속 내용물을 밝히라는 경찰 조사를 받아야만 했다. 아다 일행과 호세리타와 작별 인사를 나누면서 아저씨는 밝은 목소리로 이야기했다.

"내일 핀치 교수 실험실에서 만나요! 매우 독특한 분이긴 한데, 절대로 거절하지 마세요. 호세리타가 주소를 알려 줄 테니까."

"독특한 분이라고, 독특하다고, 독특……."

막스가 같은 말을 반복했다.

"아저씨가 그렇게 말하는 걸 보면 다른 사람의 시선을 끌 만한 사람이 분명해. 만나고 싶다는 생각이 더 간절해지는걸."

다음 날, 아다 일행과 시그마 아저씨, 호세리타는 핀치 교수 실험실에서 다시 만났다. 조금 초조하기도 했는데, 그 감정은 곧 실망으로 바뀌었다. 핀치 교수는 실험실에 없었다. 대신 메모 한 장을 남겨 놓았다. 시그마 아저씨와 호세리타가 마음대로 실험실을 사용해도 좋으며, 자긴 여행을 떠나니 앞으로 3주 동안은 돌아오지 않을 거라고 했다. 또 인큐베이터에 있는 알 다섯 개만큼은 책임지고 조심해서 다룰 것을 부탁했는데, 알이 며칠 안으로 부화할 것이라는 이야기도 쓰여 있었다. 그리고 알이 부화하면 그것이 무엇이든 간에 잘 부탁한다는 묘한 여운이 남는 말로 메모를 마무리 지었다.

이들은 먼저 알을 확인하러 인큐베이터로 다가가 보았다. 아주 조심스럽게 알을 꺼내 실험실 탁자의 뚜껑 없는 상자에 올려놓았다. 그러고는 상자 앞에 모두 모여서 지켜보는데, 보통의 알과 다른 점을 발견할 수 없었다.

"뭐예요? 아저씨, 이 알들에서 뭐가 나올까요?"

막스가 궁금하다는 듯이 질문을 던졌다.

"조용히 좀 해 봐. 달걀 같아 보이기는 하는데. 그래, 이제 곧 세상에 처음 나오는 아주 보송보송한 병아리 다섯 마리를 받을지도 몰라. 그렇지만 핀치 교수가 말한 걸 보면…… 뭐가 나올지 누가 알겠어!"

CHAPTER 1

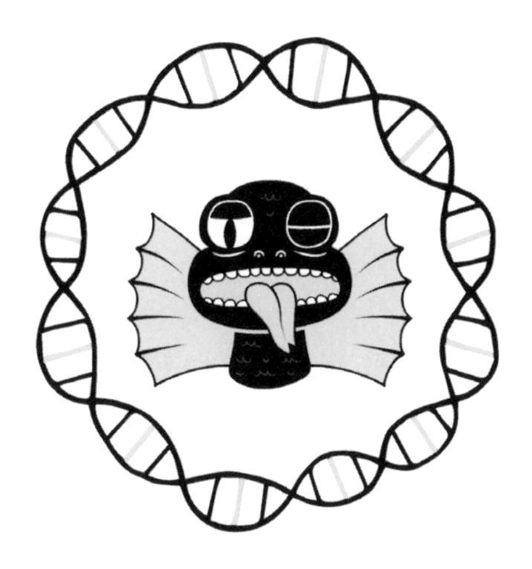

모두 눈 한번 깜빡하지 않고 알이 든 상자만 뚫어지게 바라보았다. 그리고 병아리가 곧 태어날 것이라는 기대감에 조금 흥분했다. 가장 들뜬 사람은 아다였다.

"언제 알이 깨질까?"

"'부화하다'라는 단어를 사용해야 해. 힘내야 하는데, 제발."

막스는 눈도 떼지 않고 아주 작은 소리로 이야기했다.

이모가 아다의 머리를 쓰다듬어 주었다.

"차분하게 기다려 보렴. 이제 얼마 남지 않은 것 같다. 동시에 다 부화할지는 모르겠는데, 그렇지만 그리 오래…… 저길 봐! 첫 번째가 알을 깨고 나왔어!"

"정말 귀엽다!"

아다와 막스가 합창했다.

"저것 좀 봐! 정말 용감한데. 아마 저 병아리가 리더가 될 거야. 《호빗》에 나오는 용감무쌍한 난쟁이 토린이 떠올랐어."

시그마 아저씨 역시 감동한 기색이 역력했다.

"그래, 우리 지금부터 태어나는 병아리에게 《호빗》에 나오는 등장인물 이름을 붙여 주자."

"좋아요. 각자 부모로부터 서로 다른 성격을 물려받았을 테니까,

특징을 살린 이름을 붙여 줄 수 있을 것 같아요."

호세리타도 동의했다.

"우리와 똑같을걸. 그렇지 막스? 우리는 비록 이종사촌이지만, 나는 마르시알 할아버지한테 크고 예쁜 눈을 물려받았고, 넌 밖으로 약간 휘어진 새끼발가락을 물려받았잖아."

"그래, 맞아. 그래서 구두 살 때마다 문제가 있지."

"**멘델의 유전 법칙**이지!"

시그마 아저씨는 토린을 포함한 모든 병아리가 알을 깨고 잘 나올 수 있게 도와주며 막스의 말을 받았다.

"무슨 법칙이라고요?"

"우리 사랑스런 막스 군, 그것이 바로 멘델의 유전 법칙이란다. 유전학의 아버지 격인 위대한 생물학자 **멘델** 때문에 이런 이름을 붙였지."

과학자 캐릭터 카드 그레고어 멘델

그레고어 멘델은 오스트리아의 아우구스티누스 수도회 소속 사제로 19세기에 유전 현상의 원리를 처음으로 밝혀냈다. 생물은 저마다 다른 특징을 가지고 있는데, 이를 **형질**이라고 한다. 이렇게 자신이 가진 형질을 자손에게 물려주는 현상이 **유전**이다. 멘델은 우리가 선조로부터 각각의 형질을 어떻게 물려받는지 과학적인 연구를 통해 알아냈다. 여기서 말하는 선조는 부모님, 할아버지, 할머니 등이다. 멘델은 대부분의 연구에 자신의 농장에서 기르던 완두를 이용했다. 너도 잘 알고 있듯이 이 완두는 과학 발전에 엄청난 공을 세웠다. 그렇지만 삶은 완두콩은 절대로 안 돼! 멘델의 연구는 지속적으로 개선되어 왔고, 지금 우리는 유전에 대해 상당히 깊이 있는 지식을 얻게 되었다. 그러나 유전학의 시작은 사제인 멘델과 그의 식물 재배 능력 덕인 것만은 분명하다. 멘델 선생님! 고마워요!

"이 굼벵이들이 알에서 깨어 나오는 동안 너희에게 멘델의 유전 법칙에 관해 설명해 주마."

아저씨는 배고픈 토린의 입에서 검지를 빼내려고 용쓰며 이야기했다.

"완전 좋아요!"

막스와 아다가 흥분한 목소리로 외쳤다.

"멘델은 윗세대 완두(엄마 아빠 완두)에서 자식들 완두로 넘어가면서 그들이 가진 특징, 즉 형질이 일정한 방식으로 전해진다는 것을 알게 되었어. 예를 들자면 완두콩 색깔이 황색이거나 초록색, 혹은 모양이 둥글거나 주름진 유전적인 특징이 다음 세대에 나타난다는 것을 말이야.

완두는 이렇게 하나의 형질에 대해 뚜렷하게 구별되는 형질을 가지고 있는데, 이를 **대립 형질**이라고 해. 대립 형질이 분명한 완두는 멘델이 유전 현상을 연구하기에 아주 적합한 재료였어. 멘델은 연구에 앞서 각 대립 형질을 여러 세대에 걸쳐 자가 수분(한 꽃의 수술에서 나온 꽃가루를 같은 꽃의 암술머리에 꽃가루받이 하는 것)해 **순종**을 얻었어. 순종은 하나의 형질을 나타내는 유전자의 구성이 같은 개체를 말하는 거야. 몇 세대를 자가 수분해도 계속 같은 형질의 자손만 나타나는 거지. 반면, 하나의 형질을 나타내는 유전자의 구성이 다른 개체를 **잡종**이라고 해. 대립 형질을 가진 순종끼리 교배하면 잡종이 나타나지.

멘델은 먼저 순종 둥근 완두와 순종 주름진 완두를 교배해 보았어. 과연 결과가 어떻게 나왔을까? 잡종 1대(순종의 부모를 교배하여 얻은 자손)에서는 모두 둥근 완두콩만 나왔어! 멘델은 대립 형질의 순종끼리 교배했을 때 잡종 1대에서 나타나는 형질을 우성, 나타나지 않는 형질을 열성이라고 했어. 이처럼 잡종 1대에서 우성만 나타나는 현상이 **우열의 원리**(최근엔 예외 사례가 많아 과거에 쓰던 우열의 법칙이라는 표현을 지양하고 있다)야.

위대한 멘델은 여기서 한 걸음 더 나아가 형질은 한 쌍을 이루는 대립 유전자에 의해 결정된다는 사실을 알아냈어. 대립 유전자는 대립 형질을 결정하는 유전자야. 멘델이 이야기한 한 쌍의 대립 유전자는 엄마와 아빠에게서 각각 하나씩 물려받은 거야. 살아 있는 생물인 우리 모두가 지닌 특징은, 예컨대 완두콩 색깔이 황색이나 초록색, 사람의 갈색 머리나 금발 모두 엄마로부터 온 형질 하나와 아빠로부터 온 형질 하나가 쌍을 이루는 대립 유전자에 의해 결정된다는 거야."

"막스와 같은 대립 유전자요!"

아다가 웃음을 터트렸다.

"너도 마찬가지로 대립 유전자야!"

막스도 호세리타를 곁눈질하며 맞받아쳤다. 호세리타는 웃음을 억지로 참았다.

호세리타가 너에게 설명해 줄 거야!

멘델의 분리의 법칙

대립 유전자에 의한 형질 전달은 멘델의 **분리의 법칙**에 나타나. 쌍을 이룬 대립 유전자는 생식세포를 만들 때 서로 분리되어 각각 다른 생식세포로 들어가거든.

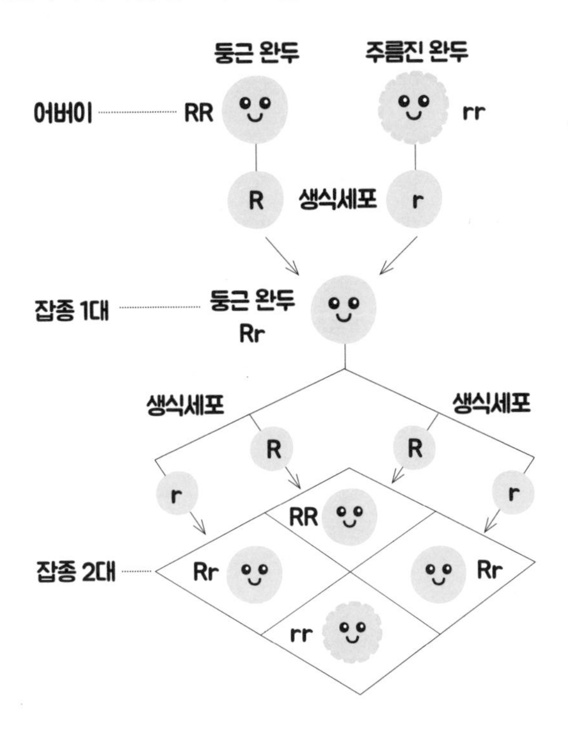

그래서 분리의 법칙이라는 이름을 붙였어. 그러니까 각각의 부모는 다음 세대의 개체를 만들 때, 다른 형질로부터 분리된 하나의 형질만을 내어놓는 셈이야.

여기서 잠깐, 우리가 부모로부터 물려받은 특징에 대해 유전자를 매개로 이야기할 때, 두 가지 아주 중요한 비슷하긴 하지만 완전히 다른 단어를 사용해.

표현형과 **유전자형**이 바로 그거야. 표현형은 개체에서 겉으로 드러나는 특징을 의미해. 완두콩이 둥글고 주름진 것이 바로 표현형이야. 유전자형은 표현형을 결정하는 유전자 구성을 의미해.

앞의 그림에서도 볼 수 있듯이 유전자형은 알파벳으로 표시해. 우성 유전자는 대문자로, 열성 유전자는 소문자로 말이야. 완두콩의 둥근 유전자는 우성이니까 R, 주름진 유전자는 열성이니까 r이라고 가정해 보자.

유전자는 상동 염색체에 하나씩 존재하니까 순종 둥근 완두의 유전자 구성은 RR, 순종 주름진 완두의 유전자 구성은 rr이 되는 거야.

아다 아하, 그렇군요!

우성과 열성에 대해서는 다시 한번 짚고 넘어갈 필요가 있어. 앞서 대립 형질을 가진 순종끼리 교배했을 때 잡종 1대에서 나타나는 형질을 우성, 나타나지 않는 형질을 열성이라고 한 것 기억하니? 완두 가계도로 돌아가 보면 둥근 완두가 우성이고 주름진 완두가 열성이라는 것을 다시 확인할 수 있어.

막스 이런 현상은 완두에서만 일어나는 건가요?

아다 저는 완두콩을 별로 좋아하지 않아요. 다른 예를 들어 주실래요?

시그마 그래, 물론이지. 자, 여기 대립 형질을 가진 한 쌍의 친구들인데, 예를 들어 주근깨를 만드는 유전자가 있다고 생각해 보자. 이 유전자의 우성 형질을 '주근깨 좋아', 열성 형질을 '주근깨 싫어'라고 말이야. 주근깨가 있는 남자는 우성 형질에서 온 두 개의 유전자를 가지고 있고, 주근깨가 없는 여자는 열성에서 온 두 개의 유전자를 가지고 있다고 상상해 보자. 그리고 이 남녀 사이에서 호세리타처럼 총명하고 재미있는 여자아이가 태어났다고 말이야. 각각의 부모 세대는 두 개의 대립되는 유전 형질 중에서 하나의 유전자만을 자식 세대에 전달할 수 있지. 그러니까 호세리타는 아빠로부터 '주근깨 좋아' 유전자를, 엄마로부터 '주근깨 싫어' 유전자를 받으면 이 경우 우성 형질은 '주근깨 좋아'이므로 열성 형질은 나타나지 않아. 그래서 호세리타 얼굴에 예쁜 주근깨가 나타나게 된 거야.

"만약 호세리타가 자식을 낳으면 또 주근깨가 있겠네요. 다음 세대도 그다음 세대도 똑같이 말이에요."

막스가 토마토처럼 얼굴이 빨개져서 물어보았다.

"바로 여기에 재미있는 점이 있지."

아저씨는 빙글빙글 웃으며 말을 이어 갔다.

"호세리타가 주근깨가 있는 남자와 결혼했다고 가정해 보자. 그 남자는 '주근깨 좋아'인 우성 유전자와 '주근깨 싫어'인 열성 유전자를 가지고 있어. 이들에게 아이가 생긴다면, 아이는 부모 각각으로부터 유전자를 하나씩 물려받게 될 거야. 그런데 우연히 부모로부터 열성 유전자를 각각 하나씩 물려받았다고 생각해 봐. 그러면 이 아이는 주근깨가 없을 거야. 아무리 엄마 아빠가 주근깨가 있다고 해도 말이야. 여타의 특성과 마찬가지로 이런 식으로 주근깨 역시 다음 세대에 나타나는 것이지. 확률적으로 보면 그렇다는 얘기야. 어때? 이해하겠니?"

"이해했어요!"

아다와 막스가 동시에 대답했다.

바로 그 순간, 두 개의 알이 동시에 부화했다.

"정말 예쁘게 생겼다!"

이 두 마리가 바로 필리와 킬리이다. 이 녀석들만 보면 웃음이 절로 나왔다.

필리 몸의 자연 방어 체계, 즉 무시무시한 전염병이 돌아도 견딜 만한 면역 체계를 갖고 있다. 필리에게 불안 요소가 될 그 어떤 기생충도, 박테리아도, 바이러스도, 균류도 없다. 정말 튼튼하다.

킬리 부리가 다른 병아리들보다 길고 단단하다. 덕분에 먹이를 찾으려고 땅바닥이나 똥 덩어리(메스꺼워!)를 뒤적이는 데 최고다.

병아리들은 알을 깨고 나오자마자 어미 닭 없이 살아야만 한다. 토린은 상자 밖으로 먹을 것을 찾아 나오려 애썼다. 이모가 신경을 쓰고 있긴 했지만 여러 차례 탈출을 시도했다. 필리와 킬리는 토린의 이런 행동에는, 특히 세상을 배우기 위한 첫 번째 시도가 의미하는 바엔 전혀 동의하지 않는 모습이었다. 아직도 부화하지 않은 알이 두 개나 남았다. 그래서 다섯 사람의 신경은 두 쪽으로, 다시 말해 막 태어난 새끼 쪽과 아직 태어나지 않은 쪽으로 나뉘었다.

"그렇다면!"

아다가 흥미로워 하며 입을 열었다.

"아기들의 부모나 조부모의 특징을 잘 알고 있다면 후손이 어떤 특징을 보일지도 충분히 알 수 있겠네요?"

"우리 다재다능한 미래 과학자님, 물론이지! 그뿐만 아니라 후손의 특징을 알면 선조들이 어떤 특징을 가졌을까도 역으로 생각해 볼 수 있지. 그건 아주 재미있는 연구가 될 수 있겠구나."

그 순간 모두가 입을 다물었다. 또 다른 알에서 막 새끼 한 마리가 나오고 있었다. 아주 조금씩 알 표면에 금이 가기 시작했다. 알 속에 든 새끼는 이 모든 일을 차분하게 진행했다.

"얘들아! 저 병아리가 어떻게 생겼을지 예상해 볼까?"

호세리타가 제안했다.

"좋아요!"

아다는 애써 흥분을 가라앉히며 대답했다.

"이 지역에 사는 닭 대부분이 벼슬이 크다는 것을 고려한다면, 이 병아리들의 아빠 닭도 마찬가지로 벼슬이 클 거예요. 그러니까 분명히 벼슬이 큰 병아리가 나올 거예요."

"용기 있고 통통한 병아리가 나올 것 같아요. 그리고 킬리 같은 갈색 병아리요. 이 지역 암탉은 대부분 통통하고 어두운 색이니까요."

드디어 알이 완전히 깨지며 좀 마른 병아리가 나왔다. 벼슬은 거의 없고 털도 얼마 되지 않는, 다른 병아리보다 더 하얀 병아리였다. 다만 다리는 더 길고 튼튼해 보였다. 병아리는 약간은 거만한 태도로 이들을 바라보더니 갑자기 멍한 표정을 지었다. 표정이 하도 재미있어서 이모는 웃음을 터트렸다.

"좀 거만하네. 자기가 대장인 것처럼 행동하잖아."

"얘는 발린이라고 부르자! 내 맘에 쏙 드는데. 정말 재미있게 생겼지 않아? 방금 태어났는데도 나이 많은 마법사 같아!"

막스가 거들었다.

시그마 아다, 난 너의 마지막 대립 유전자까지도 알고 있어. 그리고 네 마음속에서 뭔가 일어나고 있다는 것도 알고. 멘델의 유전 법칙을 잘 참조해야 할 거야. 자, 질문하고 싶은 것 있니?

아다 그런데요 아저씨, 전혀 이해되지 않는 것이 하나 있어요. 유전적인 특징이 하나 이상 있으면 어떻게 되나요? 조금 전에 주근깨에 대해 말씀하셨는데, 예를 들어 머리카락이 금발인지 갈색인

지는 어떻게 되죠? 이건 주근깨 문제와 하나로 섞여 있는 건가요? 아니면 독립적인 건가요? 이러한 특징은 다음 세대에 전달될 때 서로 영향을 주나요? 금발은 모두 주근깨가 있나요? 만일 금발이면 주근깨가 있을 확률이 더 큰가요?

시그마 타임 : 멘델의 독립의 법칙

멘델 역시 지식을 먹고 자라는 어린 용인 너와 똑같은 생각을 했어. 그래, 두 쌍 이상의 대립 형질이 동시에 유전된다면 형질이 어떻게 나타날까 하고 말이야. 멘델은 다시 완두를 연구해서 각각의 형질을 나타내는 유전자가 서로 영향을 주지 않고 독립적으로 유전된다는 것을 밝혀냈지. 그게 바로 멘델의 **독립의 법칙**이야.

멘델은 머리가 굉장히 좋은 과학자여서 두 가지 대립 형질이 미래 세대에 유전될 가능성을 수학적으로 계산해 냈어. 사랑하는 미래 과학자 친구 여러분, 멘델의 멋진 위업에 대해서는…… 먼저 발린을 내 앞머리에서 떼어놓은 다음 천천히 이야기해 줄게. 발린이 어떻게 이렇게 재빨리 여기까지 올라왔는지 모르겠네.

각자 자기만의 취미가 있듯이, 멘델은 완두를 가지고 노는 것을 무척 재미있어 했다. **독립의 법칙**을 설명하기 위해 멘델이 선택한 완두의 두 가지 형질은 완두콩의 색깔과 모양이었다.

- 색깔 유전자 : 하나는 우성인 황색, 다른 것은 열성인 초록색
- 모양 유전자 : 하나는 우성인 둥근 모양, 다른 것은 열성인 주름진 모양

멘델은 둥글고 황색인 완두와 주름지고 초록색인 완두를 교배해서 표현형이 둥글고 황색, 유전자형은 RrYy인 완두콩을 얻었다. 이 잡종 1대에서 생식세포 RY, Ry, rY, ry가 1:1:1:1의 비율로 만들어지는데, 완두의 모양과 색깔을 나타내는 유전자는 서로 다른 염색체에 존재하므로 독립적으로 생식세포로 나뉘어 들어간다. 그래서 잡종 2대에는 최소 16종류의 표본이 생기는데, 멘델이 계산해 보니 둥글고 황색, 둥글고 초록색, 주름지고 황색, 주름지고 초록색인 완두콩의 비율이 9:3:3:1로 분리되어 나타났다. 그리고 둥근 것과 주름진 것, 황색인 것과 초록색의 표현형 비율은 3:1로 확인됐다. 멘델은 이 결과를 완두콩의 색깔과 모양을 나타내는 유전자는 서로 간섭하지 않고 독립적으로 유전된다고 해석했고, 이를 독립의 법칙이라고 불렀다.

다시 사람의 경우로 돌아가 볼까. 주근깨 이외에 금발과 갈색 머리가 되는 특징을 분석해 보자.

이번 사례에서는 갈색 머리를 우성 형질로, 금발을 열성 형질로 가정해 볼 수 있어. 모두 우성 형질인 갈색 머리에 주근깨가 있는 남자와 모두 열성 형질인 금발에 주근깨가 없는 여자가 있다고 하자. 얘들아, 이 두 사람의 아이는 어떻게 될까? 주근깨가 있을까, 없을까? 금발일까, 갈색 머리일까?

막스 갈색 머리에 주근깨가 있을 거예요. 아빠로부터 각각의 특징 중에서 우성 유전자를 받을 테고, 엄마로부터는 열성 유전자를 받을 테니까 당연히 우성 유전자가 나타나겠죠.

시그마 막스, 훌륭해! 너의 총명함에 날로 혀를 내두르게 돼.

좋아. 그렇다면 그다음 세대엔 어떤 일이 벌어질까? 충분한 자손이 있다면, 다시 말해 이 갈색 머리에 주근깨가 있는 사람과 금발에 주근깨가 없는 사람이 정말 많은 손자손녀를 두었다면, 두 가지 특

징이 가능한 모든 결합 방식이 재현된 것을 볼 수 있을 거야. 그렇지 않겠니?

여기에선 수학이 필요해. 하지만 앞서 완두로 연습해 보았으니 그리 어렵진 않을 거야. 대립 유전자가 각각 똑같은 가능성을 가지고 독립적으로 유전된다고 할 때, 가능성을 따져 보면 2세대 16명 중 1명꼴로 금발에 주근깨가 없는 사람이 나와야 해. 그리고 16명에 3명은 금발에 주근깨가 있어야 하고, 또 다른 3명은 갈색 머리에 주근깨가 없어야 하지.

마지막으로 16명 중에서 9명은 갈색 머리에 주근깨가 있어야 하고. 그런데 만약 이런 특성이 서로 영향을 미친다면, 아마 분포가 달라질 거야.

유전학은 이러한 구조를 잘 설명해 주고 있어. 멘델은 '유전학이 뭘까?'라는 머리 아픈 생각 대신, 우리가 방금 살펴본 여러 법칙을 통해 유전학의 기초를 닦아 나갔지.

호세리타 유전자는 유전될 수 있는 특징을 전달하는 DNA 군단이야.

막스 그렇다면 유전자는 많은 대립 유전자를 가지고 있겠네요.

아다 이제 모든 것이 딱딱 맞아 들어가네. 완두콩 색깔 유전자는 우성인 황색 형질을 가질 수도 있고, 열성인 초록색 형질도 가질 수 있다는 거잖아요.

시그마 너희는 산속 갈대처럼 쑥쑥 잘도 자라는구나! 금세 이해해 버렸네. 유전학과 유전자를 소개하자마자 곧바로 유전자형과 표현형까지 나아갔고.

"유전학이 발전함에 따라 우리가 발견하게 된 사실은, **유전 가능한 특징**은 아주 복잡한 데다가 단 하나의 유전자에 의존하지 않는다는 사실이야. 유전학은 아주 방대한 과학 연구 분야야. 발견하면 할수록 신비로움이 가득한 감동적인 분야라고."

시그마 아저씨는 바닥에 무릎을 꿇고 양손을 번쩍 들어 올리면서 마지막 몇 마디를 마쳤다. 꼭 감은 두 눈에선 눈물까지 흘러내렸다. 병아리들도 놀란 눈으로 아저씨를 바라보았다.

이제 다른 알들보단 좀 작다 싶은 하나의 알만 남았다. 모두가 숨을 죽이고 있었다. 눈앞에서 벌어지고 있는 일은 잠깐이나마 모두의 입을 다물게 하기에 충분했다. 비록 순간이었지만 마치 영원처럼 느껴졌다.

마침내 알을 깨고 나온 병아리는 이제껏 보아 왔던 병아리와는 좀 색다른 독특한 모습이었다. 예상했던 대로 마르긴 했지만 키가 큰 녀석이었다. 몸에는 깃털 대신 비늘이 있었고, 막 돋기 시작한 날개 역시 다른 형제의 날개와는 사뭇 달랐다. 더욱이 부리는……. 부리가 곧 얼굴이었고, 게다가 주둥이처럼 생겼다. 이 병아리는 부리가 있다고 말하기 어려울 것 같았다. 게다가 강력하고 도전적인 눈으로 모두를 뚫어지게 바라보았으며, 덩치가 작았음에도 아주 당차 보였다. 머리가 좋을 것 같기도 하고, 어찌 보면 영악할 것 같기도 했다. 모두 놀란 토끼 눈이 되었다.

그 순간 굉장히 날카롭고 귀에 거슬리는 울음소리가 들려왔다. 희한하게 생긴 부리를 크게 벌리고 마치 까마귀 울음소리 같은 소리를 내며 엄청나게 긴 혀를 내밀었다.

아무도 입을 열지 않았고 어떤 반응도 보이지 않았다. 침묵을 깬 사람은 이모였다.

"얜 뭐니? 되게 못생겼잖아. 그래도 매력이 없다고는 하지 말자. 귀염 떨면서 살아갈 것 같으니까."

"헐, 혀가…… 혀가 둘로 갈라졌어요."

막스는 눈이 둥그레졌다.

"둘이야! 정말!"

아다는 방금 태어난 새끼에게서 눈을 떼지 못한 채 소리쳤다.

"너희가 보기에 병아리 같니?"

시그마 아저씨는 괜스레 오른손으로 왼쪽 귀를 긁적이며 질문을 던졌다.

"내가 보기엔 정말 독특한데. 꼬리도 달렸잖아."

"시그마, 조용히 해! 독특하다니, 꼭 네 얘길 하는 것 같잖니. 새끼 앞에서 그런 식으로 이야기하지 마. 기분 나쁠 수도 있어. 병아리는 분명할 거야. 다른 형제가 나오는 걸 우리 모두가 똑똑히 봤잖아."

호세리타만 아무 말도 하지 않았다.

“멘델이 우리에게 이 상황을 설명해 줄 수 없다는 것이 안타깝네요.”

마침내 호세리타가 입을 열었다.

“병아리든 아니든, 아주 특별한 새끼인 것만은 분명해요. 이름도 좀 독특하게 지어야 할 것 같고요. 레이날도라고 부르면 어떨까요?”

CHAPTER 2

DNA는 무엇일까?

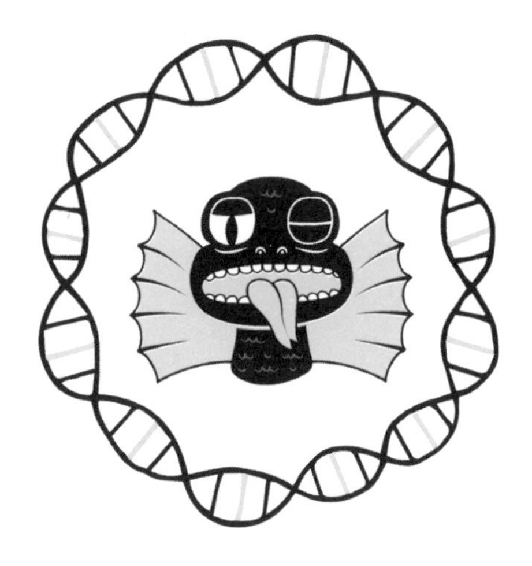

"막스, 얼른 일어나!"

아다는 여전히 깊은 잠에 빠진 막스의 어깨를 거칠게 흔들어 깨웠다.

"병아리, 잘 있나 보러 가야 한단 말이야."

그러고는 공룡이 그려진 잠옷을 입은 채 먼저 병아리 사육장으로 달려갔다. 병아리들은 아다를 보자마자 먹을 것을 달라고 삐악거리기 시작했다. 레이날도는 목을 길게 빼고 다른 병아리들과 아다를 번갈아 쳐다보았다.

"삐그, 그루아, 삐우프…… 다르그삐……."

다른 형제들처럼 삐악 소리를 내려고 했지만 엉뚱하게 이상한 소리만 나왔다.

아다는 옥수수를 조금 집어 들고 병아리들이 먹을 수 있도록 둥지 앞에 놓아 주었다. 레이날도가 제일 먼저 달려와 옥수수 알갱이를 입에 집어넣긴 했는데, 씹자마자 표정이 묘하게 바뀌더니 둘로 갈라진 혀를 날름거리며 냉큼 뱉어 버렸다.

"먹이가 맘에 들지 않니?"

레이날도는 아다를 바라보고는 다시 다른 병아리 흉내를 냈다.

"쁘라그그, 피드그그, 드로오그, 드리그그그……."

"'삐악!' 레이날도, '삐악'이라고 하는 거야!"

아다는 다시 옥수수 알갱이를 건네며 말했다.

레이날도는 주둥이를 옥수수 알갱이에 가까이 대 보기만 하고 다시는 씹지 않았다.

"정말 이상한 새잖아!"

아다는 고개를 갸우뚱거렸다.

다른 병아리들이 옥수수 알갱이를 맛있게 먹고 있을 때 막스가 병아리 사육장에 들어왔다.

"병아리들은 잘 있어?"

"응, 레이날도만 빼고. 나머지 병아리들은 잘 있어."

"아다, 레이날도를 병아리라고 하기엔 좀 이상한 것 같지 않아? 혹시 다른 동물 아닐까? 예를 들자면 도마뱀 같은……. 도마뱀은 옥수수를 먹지 않잖아."

"무슨 소릴 하는 거야. 얘는 병아리야! 다만 다른 병아리와 **표현형**이 좀 다를 뿐이지. 어떤 것은 깃털이 노랗고, 어떤 것은 부리가 길고, 또 어떤 것은……."

유전학이 주는 주의 사항

표현형이 무엇인지 기억하니? 물론이겠지! 네가 거울을 보면 마주할 수 있다. 표현형은 유전자가 겉으로 드러나는 모습이니까. 즉 너의 유전자가 밖으로 드러난 모습이다. 그래, 바로 너다! 너의 외적인 모습. 네가 먹고 달리고 잠잘 때 너의 몸이 어떻게 답하는지 보여 주는 것이다. 이 모든 것을 표현형이라고 한다.

"다른 병아리도 비늘이 있니?"

막스는 믿기 어렵다는 듯이 질문을 던졌다.

아다는 잠시 생각에 잠겼다.

"있냐고? 잘 모르겠어. 레이날도는 좀 이상해. 그렇지만 중요한 사실은 날개가 있다는 거야. 모든 새는 날개가 있잖아!"

아다는 레이날도 몸통에 있는 나비 날개 형태의 얇은 막을 가리켰다.

"그뿐만 아니라 삐악거리는 소리와 모든 것이……. 레이날도, 여기 좀 봐!"

레이날도가 아다를 바라보았다.

"따라 해 봐! '삐악, 삐악 삐악.'"

"쁘리그그그, 그리이이오, 그라흐."

하지만 레이날도는 이상한 소리만 냈다.

막스는 뭔가 조금은 알겠다는 표정으로 아다와 레이날도를 바라보았다.

"아다, 이제 그만 아침 먹으러 가자. 여기서 시간을 너무 많이 보내면 해변에 늦게 도착할 것 같아."

"레이날도와 병아리들만 남겨 두고 갈 수는 없어."

"안 돼. 빨리 가자! 오전 시간만이야. 이모한테 시내 구경하러 나가기 전까지 봐 달라고 부탁하면 돼. 또 우리에겐 시그마 아저씨가 있잖아. 아저씨에게 레이날도에 대해 궁금한 것을 더 물어볼 수 있을 거야."

아다와 막스가 아침을 먹은 후 해변에 도착했을 때 호세리타는 수영을 하고 있었고, 시그마 아저씨는 커다란 파라솔 밑에서 종이에 뭔가를 끄적이고 있었다.

“얘들아, 어서 오렴. 정말 덥다, 그렇지?”

아저씨는 아다와 막스를 반갑게 맞이했다.

“끔찍한 더위네요! 근데 아저씨, 지금 뭘 쓰고 있어요?”

아다가 물었다.

시그마 아저씨가 대답도 하기 전에 알록달록 색칠한 예쁜 조개 목걸이를 한 호세리타가 다가와 인사를 건넸다.

“얘들아, 안녕! 수영하러 왔니? 오늘은 파도가 높아서 서핑 보드를 가져왔어.”

호세리타는 파라솔 옆에 있던 서핑 보드를 가리켰다.

아다는 눈이 쟁반만 해졌다.

“너 괜찮아?”

막스는 호세리타가 바라보자 배를 얼른 집어넣으려 애를 썼다.

“서핑…….”

아다는 이 한마디와 함께 막스의 손을 잡아끌며 서핑 보드가 있는 쪽으로 달려갔다.

“같이 서핑하자! 빨리!”

“얘들아, 잠깐 멈춰! 바보 같긴. 선크림은 발랐어?”

시그마 아저씨가 소리쳤다. 아다와 막스는 고개를 저었다.

"일광욕이 지나치면 너희 DNA에 좋지 못한 영향을 끼친다는 사실 몰랐지? 생명의 기초 분자인 어린 DNA에 말이야."

시그마 타임 : DNA

"생명체를 구성하는 가장 작은 단위는 세포야. 세포의 핵 속에는 핵산, 그러니까 산성 물질이 들어 있는데 이를 핵산이라고 하지. 핵산에는 두 가지가 있는데 **DNA**와 **RNA**야. 모든 개체는 DNA나

RNA의 정보로 단백질을 만들어 생체 활동을 이어 가고, 자신만의 독특한 특징을 다음 세대에 물려주는 거지. DNA부터 천천히 설명해 줄게. **디옥시리보 핵산**, 즉 **DNA**deoxyribonucleic acid는 우리 몸에 있는 모든 세포가 해야 할 일을 적어 놓은 사용 설명서와 같아. 생물의 모든 특징을 결정짓는 설계도가 이 안에 들어 있지. 그러니까 굉장히 조심해야 해. 왜냐하면 일광욕을 지나치게 하는 등 무리를 하면 DNA가 상처 입기 때문이지. 그렇게 되면 세포가 병에 걸린다고! 당장 선크림을 발라!"

시그마 아저씨는 선크림을 건네며 둘에게 설명했다.

DNA에서 일어나는 변화를 좀 더 알고 싶으면 돌연변이에 대해 다루고 있는 3장으로 가 봐!

계통도 건너뛰기

73쪽으로

"그런데 아저씨, DNA가 사용 설명서와 같다면 DNA도 종이로 되어 있나요?"

막스는 아다의 등에 선크림을 발라 주며 질문을 던졌다.

"무슨 소리야! 종이보단 훨씬 좋은 걸로 만들어졌지. **DNA는 나선형의 섬유로 되어 있어**. 두 가닥의 가는 실이 연결된 채로 꼬여 있는 이중 나선 구조이지. 이 긴 섬유 모양을 띠고 있는 것이 바로

핵산이야. 핵산은 염기-당-인산으로 이루어진 뉴클레오티드가 긴 사슬 모양으로 중합된 고분자 물질인데, DNA 사슬의 기본 구성단위가 되는 것이 바로 이 뉴클레오티드지."

둘은 잘 이해되지 않는다는 표정으로 서로를 바라보았다.

그때 호세리타가 목에 걸고 있던 자신의 알록달록한 조개 목걸이를 가리켰다.

"DNA를 형성하고 있는 각각의 섬유는 이 목걸이처럼 생겼어. 여기 보이는 각각의 조개가 일종의 핵산인 셈이지. DNA는 목걸이 두 개를 집어서 양쪽의 조개를 서로서로 붙여 놓으면 비슷할 거야."

호세리타가 설명해 주었다.

DNA의 염기

DNA를 구성하는 염기에는 네 가지 종류가 있어. 호세리타 목걸이의 조개를 네 가지 색으로 칠해 놓았다고 상상하면 될 것 같구나. 이 네 가지 유전적인 색깔을 우리는 **아데닌**adenine, **티민**thymine, **구아닌**guanine, **시토신**cytosine이라고 부르지. 이들 염기가 어떤 식의 순서(염기 서열)를 가지는지 알 수만 있다면 DNA가 어떻게 생겼는지 알 수 있어.

DNA를 다루고 있는 영화나 책에서 'AATGCAACACTG' 이렇게 쓰여 있는 걸 본 적 있니? 그건 잘 모르는 나라의 이상한 언어가 아니야. 정확하게는 '아데닌-아데닌-티민-구아닌-시토신-아데닌…….'이라고 써야 하는데, 이걸 줄여서 그렇게 쓴 것이지. 모든 단어를 쓰기엔 너무 길어서 과학자들이 염기 하나하나의 첫 글자만 가져다 써 놓은 거야.

"DNA의 두 개의 섬유를 결합시키면 똑바른 직선 모양이 아니라 이중 나선 구조를 만들어 내. 공상 과학 영화에서 봤듯이 말이야."

호세리타가 조개를 빙글빙글 돌리며 설명했다.

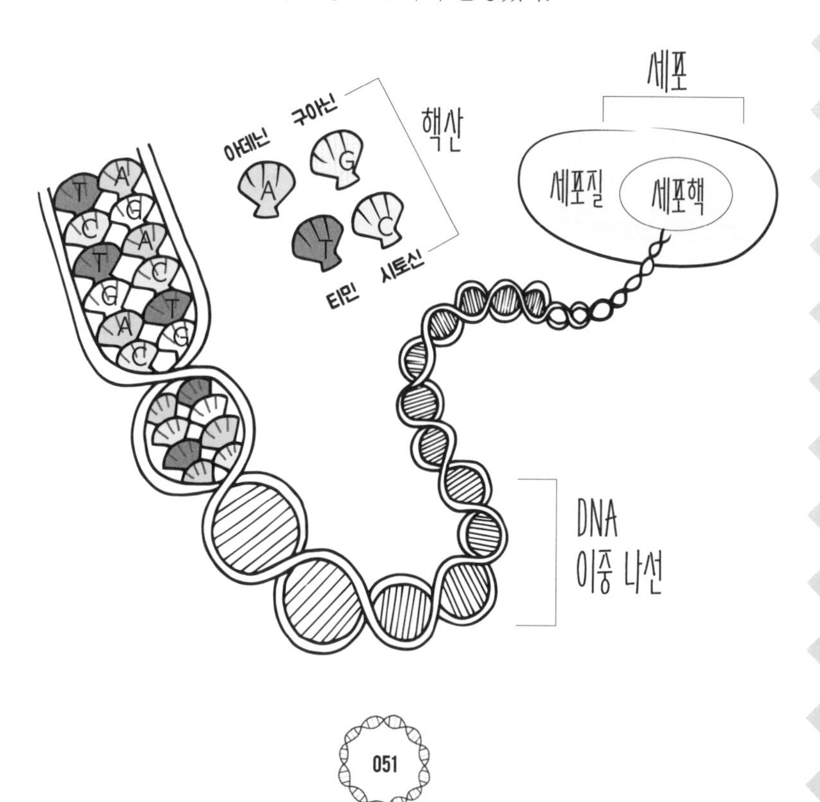

과학자 캐릭터 카드 로절린드 프랭클린

20세기의 가장 중요한 발견 중 하나는 1953년에 발표된 DNA의 구조였다. 이 연구에서 매우 중요한 역할을 한 사람은 로절린드 프랭클린이란 영국의 여성 과학자였다.

그녀는 1950년대 초 런던의 연구소에서 동료 과학자인 모리스 윌킨스와 함께 일했는데, 주로 DNA의 구조를 연구했다. DNA는 아주 작았으므로, 다시 말해 현미경으로도 보기 어려울 정도로 작았으므로 DNA의 X선 촬영 사진을 주로 연구에 이용했다. 그 사진을 확대한 덕분에 DNA의 형태에 대한 기본적인 생각을 가질 수 있었다.

로절린드가 런던에서 연구하는 동안, 그곳에서 가까운 케임브리지에도 DNA의 구조를 연구하는 제임스 왓슨과 프랜시스 크릭이라는 과학자가 있었다. 이 둘은 오랫동안 DNA의 구조를 발견하려고 애썼는데, 불행히도 연구를 완성하진 못했다. 하루는 이 둘이 윌킨스를 만나러 왔다. 윌킨스는 그들에게 로절린드가 연구한 DNA에 관한 중요한 사진 자료를 보여 주었다.

그 자료가 DNA의 구조에 대해 중요한 영감을 주었고, 1953년 4월 25일, 제임스 왓슨과 프랜시스 크릭은 〈DNA에 대한 구조〉라는 이름의 논문을 발표하였다. 이 논문에서 DNA의 구조가 어떻게 생겼는지 설명했는데, 그 중요성 덕에

이 둘은 윌킨스와 함께 1962년 노벨생리의학상을 수상하였다. 불행히도 로절린드는 1958년 세상을 떠났기 때문에 노벨상을 받을 수 없었다.

다행히 피부가 햇빛을 막아 주니까 아다와 막스는 바닷물로 뛰어들 수 있었다.

"만세!"

아다는 서핑 보드를 가지고 물속으로 달려들었다. 막스는 발바닥에 달라붙은 해초를 떼어 내면서도 DNA가 생각나 호기심 어린 눈으로 그것을 바라보았다.

DNA는 어디에 있을까?

우리는 DNA를 가지고 있어. 그런데 정확하게 DNA는 어디에 있는 걸까? 그리고 해초도 DNA가 있을까? 강아지도? 문어도? 제라늄이나 효모도? 모두 DNA를 가지고 있을까? 네 생각은 어떠니?

A 아냐! 불가능해! 우리 베란다에 있는 토마토가 어떻게

DNA가 있겠어. 빵을 부풀릴 때 사용하는 효모는 말할 것도 없지.

B 그래, 살아 있는 생물은 모두 DNA를 가지고 있을 거야. 최소한 DNA 비슷한 것이라도 말이야.

정답은…… B야! 살아 있는 것을 생각해 보렴. 제비, 악어, 고래, 네 이웃, 축구팀 골키퍼, 베란다의 토마토, 여름이면 출현하는 파리, 효모까지! 모든, 모든, 모든 것들이 DNA를 가지고 있단다. 미치겠지?

저비용 실험

집에서 바나나 DNA 추출하기

준비물 : 바나나, 물, 소금, 시험관, 순수 알코올(상처 치료할 때 사용하는 순도 96퍼센트의 알코올), 얼음, 면, 깔때기, 액체 세제, 용기(대접처럼 생긴 그릇)

순서

1. 껍질을 벗긴 바나나를 용기에 넣고 손가락 한 마디 정

도의 물을 붓고 으깬다. 바나나 하나를 통째로 넣을 필요는 없다. 3분의 1 정도면 충분하다. 나머지는 먹어도 된다. 맛있는 과일이니까.

2. 충분히 으깬 바나나에 한 숟갈 정도의 소금을 넣고 잘 섞는다.
3. 다른 용기엔 손가락 두 마디 정도의 물을 붓고, 액체 세제를 한 방울 떨어뜨린 다음 밑바닥에 고이지 않도록 잘 젓는다.
4. 소금을 섞은 바나나를 3에 붓고 2~3분간 잘 저어 섞는다.
5. 시험관은 얼음 그릇에 넣어 차갑게 한 다음 알코올을 절반 정도 붓는다.
6. 여과지 역할을 할 수 있도록 면을 집어넣은 깔때기를 시험관에 끼우고 바나나-소금-물-세제 혼합물을 붓는다.
7. 혼합물이 시험관에 떨어지면 액체에 하얀 반지 모양의 점액과 유사한 띠가 나타나는 것을 볼 수 있다. 이것이 바나나의 DNA이다.

호세리타와 아다, 그리고 막스는 수영을 충분히 즐긴 다음 파라솔 아래에서 책을 보기로 했다. 막스는 병아리들에게 《호빗》에 나오는 난쟁이 이름을 붙여 주면서 그 책이 다시 읽고 싶어졌는지 해변에까지 들고 나왔다.

"시그마 아저씨, 만약 DNA가 엄청나게 두꺼운 책과 같다면, 우리 몸 안의 도서관과 같은 곳에 보관되어 있나요?"

모래사장에 막대기로 커다란 글자를 쓰고 있던 아저씨는 DNA란 말을 듣는 순간 새롭게 의욕을 느꼈다.

시그마 우리 몸은 심장, 간 그리고 눈과 같은 다양한 장기로 이루어져 있어. 이런 장기는 세포라고 불리는 부품으로 만들어졌지. 문제는 우리가 보는 장기에 따라 세포가 다르다는 점이야. 예를 들어 지방 조직 세포(미쉐린 타이어 캐릭터처럼 생긴)는 상당히 늘어져 있을 뿐만 아니라 안에 지방을 많이 가지고 있지. 반면에 뉴런과 같은 신경 세포는 지방이 전혀 없는 대신에 다른 세포와 통신을 주고받을 수 있도록 도와주는 축삭돌기라고 부르는 통신선을 가지고 있단다.

모두 DNA에 쓰인 지침을 따르고 있지. 그래서 각각의 세포는 DNA 복제본을 보관하는 도서관을 가지고 있는데, 이것이 바로 세포핵이야. DNA는 주로 그 세포핵에 있어. 우리는 엄청나게 많은 DNA를 가지고 있는 반면 핵은 매우 작으니까, DNA는 그 안에 많은 것을 담을 수 있도록 자기들끼리 차곡차곡 포개져 있어.

아주 좁은 장소에 그토록 많은 DNA를 보관하는 것이 가능한지 알고 싶다면 후성유전학을 다루고 있는 7장 176쪽으로 가 봐!

계통도 건너뛰기
176쪽으로

DNA는 차곡차곡 잘 쌓여 있을 뿐만 아니라 가느다란 실처럼 보이는 염색사 형태로 존재해. 그러다가 세포 분열이 일어날 때 염

색사가 꼬이고 응축되어 짧고 두꺼운 막대 모양의 **염색체**가 되는 거야.

《호빗》과 《반지의 제왕》 3부작 전체를 생각해 보렴. 이 책 모두를 하나로 묶는다면 아마 1,500쪽은 족히 될 거야. 정말 두꺼운 책이 되겠지. 주체하기도 힘들고 뭔가를 찾으려고 한다면 불가능에 가까워. 그래서 몇 권의 책으로 나눈 거지.

이와 똑같은 일이 사람의 DNA에서도 일어나고 있단다. 유전자 정보를 46개(23쌍) 염색체에 나눠 갖고 있는 거야. 이 중 44개(22쌍)는 성별에 관계없이 암수 공통으로 갖는 상염색체, 2개(1쌍)는 암수의 성을 결정하는 성염색체(여자 XX, 남자 XY)이지.

심화 자료 돋보기

사람의 세포 하나에 들어 있는 DNA의 길이를 똑바로 편다면 약 2미터쯤 된다. 성인의 몸은 약 100조 개의 세포를 가지고 있으니까, 만약 우리 몸에 있는 모든 DNA의 고리를 연결한다면 약 2000억 킬로미터 정도 되는 고리를 만들 수 있다. 지구에서 태양까지 거리가 1억 5000만 킬로미터 정도니까, 우리 DNA의 길이라면 지구와 태양 사이를 666번이나 왕복할 수 있는 셈이다.

염색체에 대해서 설명을 마친 다음 시그마 아저씨는 모래에 다음과 같은 글자를 썼다. 막스가 따라 읽기 시작했다.

AGUGAACGU UGUAUUGAAAAUACUAUUUUU~ AUUUU GUo AUGoCUUGCU AUGuUGUCAUo.

"뭐라고 쓰신 거예요?"

막스는 의아한 표정을 지었다.

"'과학자가 된다는 것은 정말 멋진 일이다.'라고 쓴 거야. 그건 정말이지 멋진 일이니까."

"그렇지만 AGUGAACGU와 같은 알 수 없는 글자만 보이는 걸요?"

아저씨는 고개를 약간 옆으로 수그리고 글자를 다시 읽었다.

"이건 **유전 암호**를 이용해서 쓴 거야. 과학자만이 이해할 수 있도록 말이야. 가만있어 봐! 설명해 줄게."

시그마 여기 좀 보렴. 비밀 메시지를 쓰고 싶을 때, 유전학을 이용하는 방법이 있단다. 앞서 내가 했던 이야기를 기억하는지 모르겠구나. 과학자들은 뉴클레오티드 하나하나가 아데닌(A), 구아닌(G), 시토신(C), 티민(T) 중 무엇을 가졌는지 따져서 DNA를 알파벳으로 표현했어. 이런 식으로 DNA 구성 요소를 사용하여 메시지를 쓸 수 있는 거지. 이것을 사용하여 'CACA(스페인어로 '똥'을 뜻함)'와 같은 재미있는 단어도 만들 수 있긴 하지만, 문제는 A, G, C, T, 이렇게 네 개의 철자밖엔 사용할 수 없다는 거야. 잠깐만 있어 봐! 조금만 과학적으로 생각하면 여기에도 해법은 있으니까.

RNA

힌트는 RNA에 있어. 핵산에는 DNA와 RNA가 있다고 했잖아. DNA가 신체의 설계도를 갖고 있다면, 이 설계도를 가지고

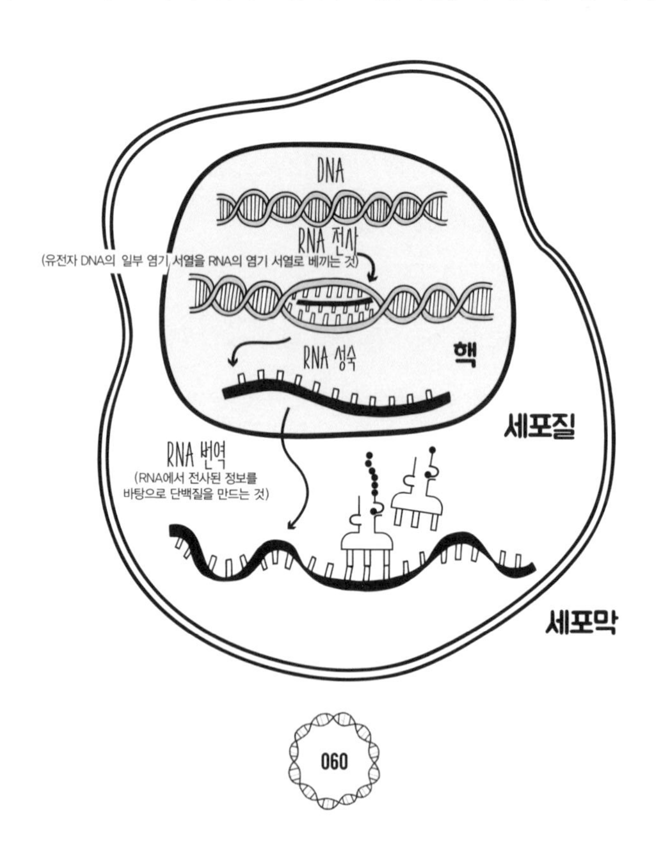

세포에게 해야 할 일을 알려 주는 역할을 하는 게 **리보 핵산**, 즉 **RNA**ribonucleic acid야. DNA는 핵에서 RNA 분자를 만들어서 핵 밖으로 명령을 전달하지.

유전학이 주는 주의 사항

유전자는 RNA를 생산하는 DNA의 일부분(모든 DNA가 RNA를 만드는 것은 아니다)이다. 모든 살아 있는 생물은 수없이 많은 유전자를 가지고 있다. 예를 들어 인간은 대략 2만~2만 500개 정도의 유전자를 가지고 있다!

RNA는 매우 중요해. 왜냐하면 DNA가 지시를 하려고 유전자를 잘라 핵 밖으로 내보낼 수 없거든. 유전자가 사라졌다고 상상해 봐! DNA는 잘 보호되어야 하는데 말이야.

그렇다면 정보를 어떻게 보내지? DNA는 자신의 지시 사항을 RNA라고 부르는 아주 작은 분자로 복제하여, 즉 전사해서 핵 밖으로 내보내. RNA는 주로 짧지만 중요한 메시지를 보내는 데 사용해. 보이지 않는 잉크로 쓰인 편지나 아주 중요한 비밀 정보를 담은 컴퓨터 칩을 밑바닥에 숨긴 구두처럼 비밀 메시지를 전달하는 데는 완벽한 도구지.

RNA는 DNA와 마찬가지로 염기-당-인산의 뉴클레오티드로 이루어져 있는데, 염기 구성에는 차이가 있어. RNA의 네 가지 염기는 **아데닌**adenine, **구아닌**guanine, **시토신**cytosine, **우라실**uracil이야. DNA는 우라실(U) 대신 티민(T)을 갖는다는 것 알고 있지? 물론 당 부분도 DNA에서의 디옥시리보스가 RNA에서는 리보스로 바뀌어 있어.

막스 그렇지만 RNA가 아데닌(A)과 구아닌(G), 시토신(C) 그리고 우라실(U)을 사용하여 글을 쓴다고 해도, 역시 쓸 수 있는 철자가 A, G, C, U 네 개밖에 안 된다는 거잖아요. 스페인어 철자는 27개나 되는데요!

시그마 걱정하지 마! 세포학에 해결책이 있으니까. 이 메시지 중에서 몇 가지는 아미노산 고리를 만드는 데 사용돼. 아미노산 고리가 무엇인지 궁금하지? 단백질의 기본 구성단위가 바로 아미노산이야. DNA에서 전사된 RNA가 세포핵 밖으로 나와 리보솜과 결합하고, 여기서 RNA 서열이 지정하는 코드에 맞게 아미노산이 연결되어 단백질이 만들어지는 거야. 이렇게 만들어진 단백질은 생명체의 핵심 물질로 아주 중요해. 세포 안에서 거의 모든 일을 다 하는 단백질은 세포 기계인 셈이야. DAN를 백과사전이라고 가정해 보자. 두껍고 무거운 백과사전인 DNA에서 로봇을 만들기 위한 설계도를 찾는 건 무척 어려울 거야. 그래서 네가 원하는 정보를 얇은 종이, 즉 RNA에 복사해 놓는 거지. 그것을 가지고 작업장으로 가서 로봇, 즉 단백질을 만드는 거야.

RNA에서 출발한 단백질 생산 과정을 **번역**이라고 해. 왜냐하면 이때 RNA의 염기 서열이 아미노산 염기 서열로 바뀌기 때문이야. 염기 나라의 문자가 아미노산 나라의 문자로 바뀐 셈이지. 각 세포

는 유전 암호에 따라서 RNA를 읽어 번역을 단계별로 진행해. 유전 암호는 DNA나 RNA의 염기 서열을 아미노산에 대응시켜 주는 규칙이야. 그런데 RNA 염기는 A, G, C, U 네 가지이고, 아미노산은 모두 20종이야. 어때? 일 대 일 대응이 안 이루어지겠지? 그래서 세 개의 염기가 짝을 이뤄 하나의 아미노산을 지정하는데, 이 세 개의 염기 서열이 **코돈**codon이야. RNA의 염기가 네 개니까 4×4×4=64, 모두 64개의 코돈이 존재하는 거야. RNA를 읽을 때는 코돈으로 끊어 읽어야 해. 예를 들어 RNA가 'UUUGGUGCU'라고 한다면 'UUU GGU GCU' 이렇게 읽는 거야.

옆의 목록을 잘 살펴보면 하나의 아미노산이 여러 개의 코돈을 지정하고 있어. 전체 20개의 아미노산이 64개의 코돈을 지정하려다 보니 어쩔 수 없는 일이야. 그렇지만 특정 코돈이 여러 개의 아미노산을 지정하진 않아. 목록 중 AUG는 번역을 시작하는 개시 코돈이고, 아미노산 중에 메싸이오닌을 지정해. 그리고 UAA, UAG, UGA 코돈은 아미노산을 지정하지 않기 때문에 이 코돈이 나타나면 단백질 합성, 즉 번역이 종결돼. 그래서 종결 코돈이라고 부르지.

자, 코돈 UUU가 지정하는 아미노산은 무엇이니? 그래, 페닐알라닌이야. 이런 식으로 GGU는 글리신을, GCU는 알라닌을 각각 의미해. 그렇다면 이 20개의 아미노산을 이용하여 글자를 조합할 수 있을 거야!

비밀 메시지를 쓰기 위한 기초 목록

A-Ala(알라닌) : GCU, GCC, GCA, GCG

C-Cys(시스테인) : UGU, UGC

D-Asp(아스파르트산) : GAU, GAC

E-Glu(글루타민) : GAA, GAG

F-Phe(페닐알라닌) : UUU, UUC

G-Gly(글리신) : GGU, GGC, GGA, GGG

H-His(히스티딘) : CAU, CAC

I-Ile(아이소류신) : AUU, AUC, AUA

K-Lys(라이신) : AAA, AAG

L-Leu(류신) : UUA, UUG, CUU, CUC, CUA, CUG

M-Met(메싸이오닌) : AUG(개시 코돈)

N-Asn(아스파라진): AAU, AAC

P-Pro(프롤린) : CCU, CCC, CCA, CCG

Q-Gln(글루탐산) : CAA, CAG

R-Arg(아르지닌) : CGU, CGC, CGA, CGG, AGA, AGG

S-Ser(세린) : UCU, UCC, UCA, UCG, AGU, AGC

T-Thr(트레오닌) : ACU, ACC, ACA, ACG

V-Val(발린) : GUU, GUC, GUA, GUG

W-Trp(트립토판) : UGG

Y-Tyr(타이로신) : UAU, UAC

단백질 합성 종결 코돈 : UAA, UAG, UGA

저비용 실험

유전 암호를 이용하여 비밀 메시지 쓰는 법

1단계 : 단백질 / 비밀 메시지 쓰기

제일 처음에 할 일은 비밀 메시지를 쓰는 것이다. 'ser científico mola mucho(과학자가 된다는 건 정말 멋진 일이야).' 라고 써 보자. 네가 이해할 수 있도록 천천히 한 단계씩 밟아 나가겠다.

위 문장을 아미노산을 가지고 있는 알파벳 대문자에 맞춰서 써 나가도록 하겠다.

SER CIENTÍ FICo MoLA MuCHo.

아미노산으로 표현할 수 없는 철자도 있다. 그런 것은 알파벳 소문자로 적어 놓았다. 네가 직접 해 보려면 65쪽의 목록을 참조하면 된다.

2단계 : 단백질로부터 RNA 서열 추적하기

이번에는 단백질을 RNA로 바꿔 보기로 하자. 첫 번째 철자는 S이다. 세린의 S. 목록에서 보면 세린을 지정하는 코돈은 여러 개이다. 그중에서 맘에 드는 것을 하나 고르면 된다.

"그렇다면."

막스는 시그마 아저씨의 막대기로 글자를 쓰기 시작했다.

"'ser científico mola mucho(과학자가 된다는 건 정말 멋진 일이야).'라는 문장을 이 글자들로 쓴다면…….

AGU GAA CGU(ser)

UGU AUU GAA AAU ACU AUU UUU AUU UGU o(científico)

AUG o CUU GCU(mola)

AUG u UGU CAU o(mucho).

전부 합치면…….

AGUGAACGU

UGUAUUGAAAAUACUAUUUUUAUUUGUo

AUGoCUUGCU AUGuUGUCAUo."

"아저씨, 다 만들었어요! 저도 이젠 비밀 메시지를 쓸 수 있어요. 우리 세포가 단백질을 만드는 유전 암호를 이용해서요."

막스는 바다에 나가 있는 아다와 호세리타를 향해 막대기를 흔들었다.

"아다, 호세리타 누나! 시그마 아저씨가 가르쳐 주신 것 좀 봐."

"너 정말 멋있다! 이젠 우리도 누가 우릴 엿보는지 걱정 없이 메시지를 주고받을 수 있겠네."

막스가 유전 암호를 설명하자 아다가 이렇게 이야기했다.

"이제 유전 암호는 이해할 수 있는데, 유전자는 아직도 조금은 혼란스러워. 우리 사이를 구별하는 것이 유전자라면 동물이 차이

가 나는 이유도 서로 다른 유전자를 가져서일까? 아니면 다른 이유 때문일까? 예를 들어 어떤 병아리는 깃털을 만드는 유전자를 가지고 있고, 어떤 병아리는 비늘을 만드는 유전자를 가질 수도 있는 걸까?"

시그마 아저씨는 정신을 집중하고 모래사장에 유전 암호를 이용해 긴 문장을 써 내려가고 있었다.

"너희도 곧 알게 될 거야. 정확하게 그렇지는 않다는 것을 말이야. 어떤 글자로…… 같은 종의 동물은 똑같은 유전자를 공유하고 있어. 그러니까…… W로 쓸 수 없는 것은 내 생각에는 U와 함께 써야 하고, U로 안 되는 것은…….”

아저씨가 엉뚱한 소리만 한 탓에 이번에는 호세리타가 아다의 의문을 풀어 주었다.

호세리타가 너에게 설명해 줄 거야!

우리가 기르는 닭의 학명은 ‘갈루스 갈루스 도메스티쿠스’야. 이처럼 종이 같은 경우에는 **똑같은 유전자를 갖고 있어.** 하지만 우리가 눈여겨볼 것은 이러한 유전자는 비록 똑같은 것일 수는 있지만 조금씩 변형될 수 있다는 점이야. ‘노란색 깃털’이라고 해도 끝 쪽이 조금 검은색이 돌 수도 있고, 전체적으로 살짝 잿빛이 도는 깃털이 될 수도 있어.

이 같은 현상은 유전자에서도 일어나. 모든 병아리는 똑같은 유전자를 갖고 있는데, 가끔씩 조금 **다른 판형의 유전자**를 가질 수도 있어. 한 마리는 ‘짧은 깃털’ 유전자를, 다른 한 마리는 ‘정상 깃털’ 유전자를 가질 수 있듯이 말이야. 이러한 변화는 병아리와 병아리 종들 사이에 차이를 만들어 내지.

“흠흠. 그러면 무엇이 다른 동물 친구와의 차이를 만드나요?”

막스가 질문을 던졌다.

"각각의 개체는 개체 간 차이를 만드는 몇 가지 유전자를 가지고 있어. 예를 들어, 코뿔소는 코끝에서 자라는 뿔을 만드는 유전자를 가지고 있어. 코뿔소만이 유일하지. 그래서 상어에서는 그런 유전자를 볼 수 없는 거야."

모든 사람이 실질적으로는 똑같은 유전자를 갖고 있는데도, 왜 서로 다른 모습을 하고 있는지를 알고 싶다면 후성유전학을 다룬 7장 176쪽으로 가 봐!

계통도 건너뛰기

176쪽으로

"그런 유전자를 알 수 있어요? 우리가 유전자를 모두 읽을 수 있으면……."

이번엔 아다가 질문했다.

"그래, 정리할 수 있어. 과학자들은 유전자를 알아내기 위해 전체 DNA 서열을 분석했지. 한 생물이 가지는 모든 유전 정보를 게놈genome이라고 하는데, 이는 유전자gene와 염색체chromosome를 합성해서 만든 용어야. DNA 서열 분석은 연구소에서는 자주 하는 일이야. 나 역시 시그마 선생님과……."

"잠깐만! 호세리타 언니도 DNA 서열 분석을 할 수 있어요?"

아다가 질문하자 호세리타는 고개를 끄덕였다.

"만일 어떤 동물을 데려오면, 똑같은 종인지 아닌지를 알려 줄 수 있어요?"

"물론이지. 그렇지만 그것을 증명하려면 실험실에 가야 해."

"그럼 실험실에 가요! 먼저 병아리를 데리러 숙소에 들렀다가……."

갑자기 아다 배 속에서 꼬르륵거리는 소리가 났다.

"그 전에 밥부터 먹고요. 막스, 가자! 나는 레이날도가 어떤 동물인지 알고 싶어. 언니도 빨리 와요. 저희 이모가 정말 맛있는 클로켓을 만들어 놓았을 거예요."

"아다, 크로켓이라고 해야 해!"

막스는 수건을 집으며 아다의 말을 바로잡았다.

"나는 이모한테 클로켓이라고 들었는데?"

이 말과 함께 시그마 아저씨도 다가왔다.

"저쪽으로 가자! 유전학을 이야기하기 시작하면 언제나 배가 고파진다니까."

네 사람은 파라솔을 접고, 서핑 보드를 챙긴 다음 함께 식사를 하러 갔다.

CHAPTER 3

돌연변이

숙소에 도착하니 배가 고파 죽을 지경이었다. 이모는 아직 시내 관광에서 돌아오지 않았다. 그래서 시그마 아저씨가 진두지휘에 나섰다.

“오늘 날씨가 정말 좋잖아. 그러니까 내가 식사 준비를 하는 동안 너희는 식탁과 의자를 정원에 내놓으면 어때? 야외에서 밥 먹자.”

아다와 막스는 놀란 눈으로 아저씨를 바라보았다.

"그런데 아저씨, 요리할 줄 알아요?"

아다가 놀라는 표정으로 물어보았다.

"물론이지!"

시그마 아저씨는 가슴과 앞머리를 동시에 내밀며 당연하다는 듯이 대답했다.

"실험 프로토콜을 따라 하면 충분해. 음, 다시 말해 요리책만 있으면 돼. 그런 얼굴로 쳐다보지 말고, 빨리 가서 식탁을 옮기는 게 어떻겠니? 파라솔 펴는 것 잊지 말고. 그렇지 않으면 식사 시작할 때와는 완전 딴판인 변종 요리를 먹게 될지 몰라."

"변종요? 《엑스맨》에 나오는 변종 슈퍼히어로들처럼요?"

막스가 재미있다는 듯이 말을 받았다.

"진짜 엑스맨이 되어 봤으면 좋겠어요. 그러면……."

시그마 타임 : 변이란 무엇인가?

변종 동지 여러분, 시그마의 S조직에 오신 것을 환영합니다! 여러분을 변종이라고 불러서 기분 나쁜가요? 그렇게 생각하지 마세요. 변종이 얼굴에 눈이 세 개 있거나, 겨드랑이 털이 반짝반짝 빛난다는 것을 의미하는 것은 아니니까요. 잠깐만 생각해 보세요. **변종이 되려면 무엇이 필요할까요? 변이!** 그렇습니다. **DNA의 변화**

가 필요하지요. DNA는 우리의 유전 정보가 기록되어 있는 곳이라는 사실을 상기하기 바랍니다. 이 정보는 모든 사람한테 똑같진 않습니다. 우리에겐 우리를 다른 사람과 구별할 수 있게 해 주는 조금씩의 차이를 만드는 변화가 있게 마련이지요. 이러한 변화가 바로 변이입니다.

여러분이 원하는 DNA의 배열을 상상해 보십시오. 그리고 써 봅시다. 여러분은 A, C, G, 그리고 T만을 사용할 수 있다는 것을 잊지 말기 바랍니다.

GATAACACA.

자, 이것이 당신이 원하는 유전자 배열입니다. 맞습니다. 이건 gata a caca(스페인어로 '고양이 대 똥'이라는 의미)라고 읽을 수 있습니다.

그러나 만일 중간의 C 하나를 T로 교체하면 이렇게 됩니다.

GATAATACA.

이것은 Gata ataca(스페인어로 '고양이가 공격해 왔다'는 의미)! 엄청난 의미 변화가 만들어졌다는 걸 확인할 수 있습니다. 당신은 당신의 유전자 배열에 어떤 변이를 집어넣길 원합니까? 여기에 적어 보십시오. 여러 가지를 적어 볼 수 있을 겁니다.

....

....

아다 정말 멋져요, 아저씨. 이건 우리가 모두 헐크처럼 방사선을 쏘일 수도 있다는 말이잖아요. 그렇지 않다면 우리가 어떻게 돌연변이가 될 수 있겠어요?

“사랑하는 아다야, 실제 우리 삶에서 돌연변이가 일어나는 것은 할리우드 영화에서처럼 좋은 일만은 아니야. 그렇지만 지금 이 시각에도 네 세포는 변이를 축적하고 있어. 백 개, 천 개의 변이를 말이야.”

“으으으악!”

막스가 비명에 가까운 소리를 질렀다.

“조용히 하세요! 도전 정신이 강한 우리 미래 과학자님. 이건 너무나 정상적인 거야. 우리 모두에게 일어나는 일이니까. 세포가 또 다른 자식 세포를 만들기 위해 스스로 증식할 때면 자신의 DNA를 복제하지. 이렇게 DNA를 복제하는 과정에서 결함이 발생할 수 있어.”

“아하! 알겠어요. 다른 친구의 시험지를 베낄 때 서두르다가 철자를 잘못 베끼는 경우가 가끔 있는데, 그것과 똑같네요. 그럼 돌연변이 답안지가 되는 거잖아요.”

유전학이 주는 주의 사항

우리 몸의 세포는 자식 세포를 만들기 위해 아주 독창적인 방법으로 자신을 재생산한다. 자기 자신과 똑같은 복제품을 만드는 것이다. 그렇게 만들어진 복제품을 **클론**이라고 하는데, 네가 스스로 너와 똑같은 클론을 만든다는 상상을 해 봐.

오래 생각하지 않아도 된다. 너는 그렇게 할 수 없지만 세포는 할 수 있다. 세포가 새로운 세포를 만들 때, 새로운 세포에 자신의 복제된 DNA를 건네준다. 이 복제 과정에서 DNA가 너무 크기 때문에 **가끔 결함이 발생한다.** 보통 세포도 그것을 인식하고 잘 정리하지만, 이런 결함이 살짝 끼어들기도 한다. 그렇게 되면 자식 세포에 변이가 생기는 것이다.

그러나 이러한 변이가 꼭 나쁘다고만 할 수 없다. 어떤 변이는 모르고 지나가는 경우도 있으니까.

"이해가 잘 안 돼요. 우리가 변이를 획득할 수 있는 유일한 방법이 세포가 DNA를 복제할 때뿐이라는 건가요? 그렇다면 왜 파라솔을 펴 달라고 하신 거예요? 태양은 변이를 만들어 내지 못하나요?"

막스가 질문을 쏟아 냈다.

"아주 잘 봤구나. 이제부터는 너와 논쟁을 해야겠는데."

시그마 아저씨는 입이 귀에 걸릴 정도로 크게 웃으며 이야기를 계속했다.

"태양도 우리 DNA에 변이를 만들어 낼 수 있어. 왜냐하면 세포에 상처를 입힐 수 있거든. 그런데 태양뿐만 아니라 DNA에 상처를 입혀 변이를 만들어 낼 수 있는 물질은 정말 많아."

"이모네 고양이 모르티메르가 제 만화책을 가지고 놀면서 여러 군데를 찢어 놓는 것처럼 말이죠."

"아저씨가 막스에게 책을 빌려주면 낙서해서 돌려주는 것과 마찬가지이고요."

아다가 한마디 덧붙였다.

"그건 한 번뿐이었어! 그것도 사고였다고!"

우리 DNA에 상처를 줄 수 있는 것은 정말 많다. 독성 물질이나 방사선, 담배 연기. 그뿐만 아니라 어떤 것은 필요한 만큼의 양일 때는 괜찮지만, 그 양을 초과하면 위험해질 수도 있다. 예를 들어 태양은 태양계의 왕이자 우리가 살아가기 위해 정말 중요한 별이다. 태양이 없다면 어둠 속에서 살아야 하고 피망조차도 볼 수 없을 테니까. 그러나 태양은 가시광선뿐만 아니라 자외선도 함께 내보낸다. 자외선은 우리 몸의 뼈를 만드는 데 중요한 요소인 비타민 D 생성에 도움을 준다. 다시 말하자면 자외선이 우리 피부를 자극하면 콜레스테롤이 비타민 D로 변환된다. 따라서 태양이 오래오래 빛나길 빌어야 한다. 자외선이 조금씩만 우리에게 온다면 건강에 아주 좋지만 지나쳐선 안 된다. 우리 DNA에 상처를 입힐 수도 있기 때문이다. 햇볕을 너무 많이 받아 DNA가 심하게 구워지는 일이 없도록 우리 몸을 잘 보호해야 해!

심화 자료 돋보기

다행히 우리 세포는 방사선이나 독성 물질이 공격해 올 때, DNA를 잘 배열시키기 위한 수선 장비를 가지고 있다. 세포 내부에 있는 수선 장치가 변이를 발견하면 얼른 바로잡는다.

그러나 우리 세포는 엄청나게 많은 변이를 수용하기도 한다. 예를 들어 해변에서 며칠을 보내면서 선크림을 사용하지 않으면 우리 몸은 온종일 태양에 노출된다. 절대 그렇게 해서는 안 된다.

왜냐하면 세포가 변이를 경험하게 되고 결국 이를 인식하게 되기 때문이다. 그렇게 되면 세포가 네게 상처를 입힐 수 있는 엄청나게 많은 변이를 수용할 것인지 결정해야 할 때, 가끔 스스로 생명을 끊는 것으로 결론을 내리기도 한다.

즉 위험한 돌연변이가 된 세포는 스스로 목숨을 끊을 수도 있는데, 이를 '세포 자멸사' 혹은 '프로그램화된 세포의 죽음'이라고 부른다. 이런 현상을 가까이에서 보고 싶으면 하루 종일 일광욕을 한 다음 피부를 잘 살펴보렴. 격렬한 싸움이 끝나면 네 세포가 스스로 목숨을 끊고 있을 테니까. 그러니 세포를 잘 보호해야 한다. 외출할 때는 반드시 선크림도 바르고 말이야.

모든 변이를 다 고칠 수 있는 것은 아니야. 때로는 변이가 그대로 우리 세포에 남게 되고, 이로 인해 질병이 생길 수 있어. 그런데 아주 작은 변이가 일어난 경우에는 간혹 생물에게 좋은 결과를 만들어 내기도 해.

어떤 경우에 변이가 좋은 결과를 만들어 내는지 잘 모르겠지? 그렇다면 진화에 대해 다루는 5장을 한번 보렴. 이 주제를 잘 설명해 줄 테니까.

계통도 건너뛰기
127쪽으로

"막스, 여기 좀 봐. 네 DNA는 부모님에게서 왔어. 네 부모님은 조부모님으로부터 물려받았고. 그 전엔 증조부모님에게서, 그 전엔 고조부모님에게서……"

시그마 아저씨가 뭔가 이야기를 시작하려고 했다.

"선생님, 이제 그만하세요."

호세리타가 말을 막고 나섰다.

"고고고조……. 그래, 알았어. 너희가 가지고 있는 DNA는 신인류의 DNA가 아니야. 오히려 수천 년 동안 여러 사람을 거쳐 내려온 것이지. 다시 말해 수천 년 동안 변이를 거친 거야. 변이가 세대를 거쳐 전해진 거란다."

"그렇다면 우리는 모두 DNA 안에 변이를 가지고 태어나는 건가요?"

"그래, 우리 모두가 돌연변이인 셈이야."

"완전 머~~어엇지다!"

막스와 아다가 동시에 소리쳤다.

둘은 시그마 아저씨가 요리를 하는 동안 식탁과 의자를 정원에 꺼내 놓았다.

"내가 《엑스맨》에 나오는 매그니토와 같은 돌연변이라면 좋을 텐데. 이런 걸 괜히 하나씩 옮길 필요 없이 자력을 이용해서 한꺼번에 옮기면 되니까."

막스가 이야기했다.

"그럼 막스-니토가 되겠네!"

아다가 깔깔거리고 웃었다. 막스-니토는 아다에게 불꽃 튀는 시선을 던졌다.

"나는 진 그레이가 변신한 다크 피닉스 사가가 더 좋은데. 사이클롭스도 괜찮고"

호세리타도 한마디 거들었다.

"사이클롭스는 눈에서 빔을 내뿜을 수 있잖아!"

아다가 흥분해서 소리쳤다.

"막스, 아저씨한테 가서 식탁이랑 의자 꺼내 놨다고 이야기해.

막스-니토

아다-사이클롭스

그동안 난 호세리타 언니에게 토린, 발린, 필리, 킬리 그리고 레이날도를 보여 줄게."

아다가 닭장 문을 여는 순간, 병아리들은 둘을 반기는 듯이 일제히 삐악거리기 시작했다.

"쁘이프, 그루아그흐, 다르구프프프."

레이날도도 역시 있는 힘껏 울었다.

불쌍한 레이날도는 닭장 여기저기로 토린을 쫓아다니고, 다른 병아리를 흉내 냈다. 그러나 얇은 막처럼 생긴 날개와 기다랗기만 한 몸으로는 그리 쉬워 보이진 않았다.

“아다, 모두 정말 예쁘다! 그런데 너는 레이날도가 병아리라고 믿니?”

병아리들에게 옥수수를 한 줌 내주면서 호세리타가 물었다. 개미를 잡으려고 쫓아가는 레이날도를 제외한 나머지 병아리들은 옥수수 알갱이를 무척 좋아했다.

“네, 전 그렇게 생각해요. 다른 병아리들과 잘 지내잖아요. 그리고 같은 둥지에서 나왔고요. 아마 레이날도는 닭의 DNA에서 비늘이 있는 것으로 변이가 일어난 것이 아닐까 싶어요.”

호세리타가 뭔가 말하려는 것 같았는데, 아다가 얼른 말을 이어 나갔다.

“레이날도가 엄청난 변이가 일어난, 닭 중의 엑스맨이라는 것을 언니도 곧 알게 될 거예요.”

우리는 어떻게 변이를 발견할 수 있을까?

레이날도가 무척 변이가 심하게 일어난 닭인지 아닌지 그 여부를 알기 위해선 레이날도가 닭인지 아닌지를 가장 먼저 알아봐야 해. 같은 종 다른 동물의 DNA와 비교해 보면 쉬워. 어떻게 하면 될까?

인간 게놈 프로젝트

미래 과학자 친구들, 여기 집중! 조금은 과하게 나간 것을 찬찬히 살펴보자. 인간은 21세기 초가 되어 처음으로 인간 **게놈**을 읽을 수 있게 되었어. 한 생물이 가지는 모든 유전 정보를, 그러니까 다시 말해 **한 사람의 완벽한 DNA**를 읽게 된 거지. 끝도 없이 이어지는 엄청나게 많은 글자를 말이야. ccgatgtattcgaatctagg……. 아이고, 맙소사! 아무도 이걸 이해할 수 없을 거야.

그런데 우리 인간은 DNA에 쓰여 있는 것을 이해하려고 고대 상형문자를 해독하듯이 조금씩 그 코드를 풀어내기 시작했어. 결과적으로 **DNA에 우리 신체 특징이 코드화되어 있다**는 사실을 알아냈지. 우리 신체 특징이 서로 다른 이유는 바로 변이가 있기 때문이야. 키가 큰 사람, 작은 사람, 금발, 갈색 머리, 당뇨에 걸린 사람, 주근깨가 있는 사람, 마른 사람 등등. 어떤 질병은 DNA의 돌연변이로 인해, 다시 말해 나쁜 돌연변이로 인해 생긴다는 사실도 알았어.

인간 게놈 프로젝트는 30억 쌍으로 이루어진 DNA의 염기가 어떤 순서로 배열돼 있는지 밝혀내는 작업이었어. 앞서 인간이 대략 2만~2만 500개 정도의 유전자를 가지고 있다고 한 것 기억하니? 그 사실도 이 프로젝트를 통해 알게 된 거야.

미국, 캐나다, 뉴질랜드, 영국, 스페인과 같은 여러 나라의 수많은 연구소가 참여한 인간 게놈 프로젝트가 이렇게 국제적으로 발의된 까닭은, 인간 유전자의 종류와 기능을 밝히고 환자와 정상인의 유전자를 비교하여 어떤 차이가 있는지 검토해서 질병의 원인을 알아내는 데 그 목적이 있었어. 과학은 정말 비약적으로 발전하고 있어!

이 프로젝트는 1990년에 시작되어 2003년에 끝이 났어. 30억 달러라는 엄청나게 많은 연구비가 투자되었지. 원래는 15년 계획으로 잡혀 있던 프로젝트였지만, 생물학 기술이 놀라운 속도로 발전하면서 13년 만에 완료할 수 있었지. 그 덕분에 우리 인간의 게놈에 대해 잘 알게 되었고, 과학자들은 유전적인 질병의 치료법을 발견하기 위해 후속 연구를 계속할 수 있게 되었어.

심화 자료 돋보기

너도 알다시피 나쁘지 않은 변이도 있고, 질병을 유발하는 변이도 있다. 다음을 잘 살펴보자.

- **가변성의 원인이 되는 맘에 쏙 드는 변이** : 예를 들어 눈동자의 색깔을 살펴보자. 유전자 OCA2는 홍채의 멜라닌을 생산하는 책임을 지고 있다. 멜라닌은 홍채 즉 우리 눈동자의 색을 가진 둥근 링 모양의 부분을 약간 어두운 색으로 만드는 색소(염료의 일종)이다. 만일 OCA2가 멜라닌을 많이 생산하게 되면 우리 눈동자는 검은색이 되고, 조금만 생산하면 밝은 색을 띤다. OCA2를 많이 생산하느냐 적게 생산하느냐는 이 유전자의 변이에 달려 있다. 네 눈동자 색깔은 어떠니? 또 엄청 마음에 드는 변이로는 피부색, 신장의 차이, 귓불, 왕발 등을 들 수 있다.

- **질병을 유발하는 말썽쟁이 변이** : 예를 들어 응고 유전자의 변이는 혈액의 응고를 어렵게 만드는 혈우병의 원인이 된다. 우리 몸에 상처가 나더라도 일정 시간이 지나면 출혈이 멈추는데, 이것은 바로 피의 응고 덕분이다. 응고 유전자가 만들어 내는 물질이 상처 주변을 단단하

게 굳도록 만드는 것이다. 그런데 혈우병이 있는 사람들은 피가 쉽사리 멈추지 않기 때문에 평소에 상처를 입지 않도록 조심해야 한다.

바로 그때 막스가 사육장에 들어왔다. 그러고는 도구 상자를 뒤졌다.

"뭘 찾는데? 식사 준비는 어떻게 되어 가니? 좀 늦어지는 것 같은데."

"나도 배고프기 시작했어."

호세리타도 거들었다.

"시간이 좀 더 걸릴 것 같아. 가스 불 상태가 별로 좋지 않대. 그래서 아저씨가 고치고 계셔. 뭔가 먹으면서 기다릴래?"

"좋아. 어제 보니까 냉장고에 수박이 있던데. 수박 먹으러 가자!"

아다가 들뜬 목소리로 이야기했다.

호세리타는 병아리가 든 상자를 품에 안고 사육장을 나섰다. 셋은 정원의 파라솔 아래 둘러앉아 수박을 잘랐다.

"이 수박씨는 좀 둥글둥글한데."

막스는 칼끝으로 씨를 빼내면서 이야기했다.

"씨 없는 수박을 샀으면 이런 수고를 안 해도 되는데."

"그래서 불임 과일이 나오는 거야."

시그마 아저씨가 앞치마에 주방장 모자를 쓴 채로 손에는 멍키 스패너를 들고 나타났다.

"불임이요? 수박도 자식을 낳을 수 있나요?"

"물론이지!"

시그마 아저씨가 다시 부엌으로 사라지자 호세리타가 대신 대답했다.

"수박을 몇 배체(동일 유전자를 중복하여 포함하는 정도를 이르는 말)로 만드느냐에 달렸어."

호세리타가 너에게 설명해 줄 거야!

DNA를 몇 배체로 복제한 것인가?

인간은 배수 염색체를 가지고 있어. 그래, 세포 안에 염색체가 두 개씩 복제되어 있는 거야.

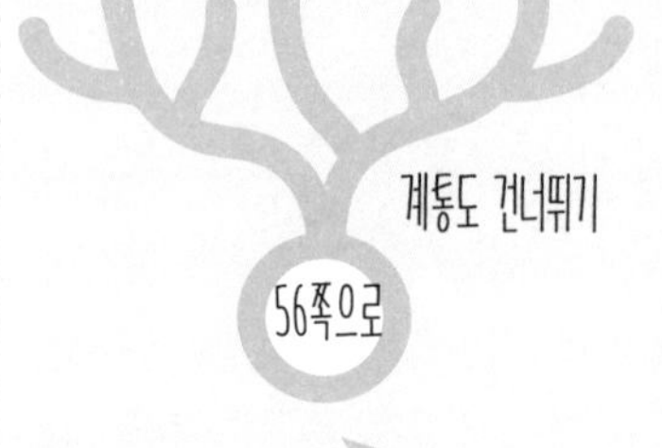

앞으로 염색체에 대해 더 많은 이야기를 할 거야. DNA에 대해 다룬 2장을 읽었을 때 조금 졸렸을 텐데, 지금이 간단하게 다시 한번 훑어볼 좋은 기회야.

그러나 가끔은 복제된 배수가 달라지기도 해. 예를 들어 세 개의 복제 염색체(3배수 염색체), 혹은 네 개의 복제 염색체(4배수 염색체)를 가질 수 있지. 그런데 이건 인간에게는 별로 좋지 않은 결과를 가져와. 두 개보다 많은 복제 염색체를 갖고 있으면 인간은 살아갈 수 없어.

인간도 모든 염색체에서 이런 일이 일어나는 것은 아니지만, 특정 염색체에서는 조금 더 가지거나 조금 덜 가지는 경우가 생길 수도 있어. 물론 이런 경우에도 별로 좋지 않은 결과가 발생해.

가끔은 염색체의 양이 좀 다르더라도 살아갈 수는 있는데, 예를 들자면, 21번 염색체의 3염색체성을 들 수 있어. 이는 21번 염색체가 두 개 아닌 세 개의 염색체를 가지고 있다는 것을 의미하는데, 주로 다운증후군을 앓는 사람들이 이런 염색체를 가지고 있지.

그러나 바나나, 수박, 멜론, 밀, 국화와 같은 식물은 인간과 판이하게 달라. 이들 대부분은 복제 염색체를 많이 가지고 있어. 복제 염색체를 홀수로 가지고 있는 경우에는 불임이 되고, 짝수로 갖는 경우에는 풍성한 다음 세대를 기대할 수 있거든.

일반적으로 수박은 배수 염색체를 갖는데, 염색체를 배로 증가시키는 물질로 처리하게 되면 4배체로 만들 수 있어.

만일 배수 염색체를 가지고 있는 수박과 4배체 염색체를 가지고 있는 수박을 교배하면 3배체의 염색체를 가지고 있는 수박을 얻을 수 있는데, 이 경우 문제는 이 수박은 홀수 배수의 염색체를 가지고 있어서 불임이 될 수밖에 없다는 거야. 따라서 씨앗이 없어, 씨앗이!

호세리타가 막 설명을 끝냈을 때, 이모가 숙소로 돌아왔다.

"잘 있었어? 우리 꼬맹이들. 필리핀의 뛰어난 과학도 호세리타도 안녕?"

이모가 정원에 있는 모두에게 반갑게 인사를 건넸다.

"에고! 우리 병아리들을 깜빡 잊을 뻔했네. 하루 사이에 더 귀여워졌구나."

병아리 상자를 바라보며 이모가 말을 덧붙이는 순간 펑! 하고 숙소 안에서 작은 폭발음이 들려오더니 연기가 뿜어 나오기 시작했다. 모두 잽싸게 안으로 달려 들어가 보니, 부엌에서 시그마 아저씨가 행주로 음식에 붙은 불을 끄고 있었다. 물론 앞머리는 조금도 그슬리지 않은 채였다.

"시그마! 괜찮아?"

"뭐가요? 저는 괜찮아요! 다 알아서 하고 있어요. 가스 불을 조절하다가 불이 조금 과하게 나간 것뿐이에요. 그런데 우리 저녁은 외식을 하는 게 어때요?"

CHAPTER 4

형질전환

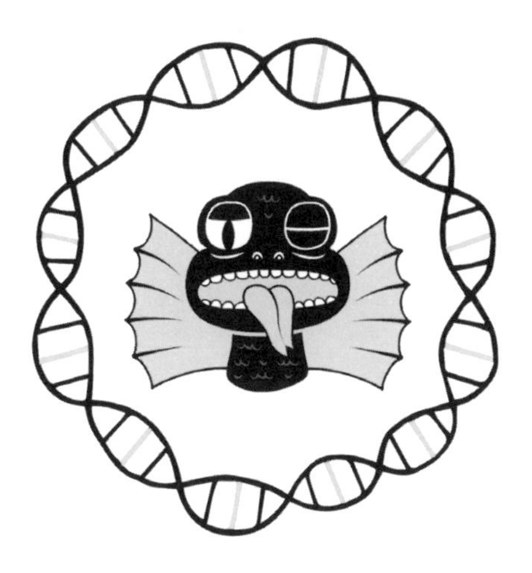

“아휴. 메뉴가 정말 이상하네. 하나도 이해를 못하겠어. 게다가 생선 비린내 때문에 식욕이 다 달아나는 것 같아.”

막스가 과장되게 코를 막으며 말했다.

“너 무슨 말을 하는 거야? 얼마나 맛있는 냄샌데. 일단 맛을 한번 봐! 냄새도 다시 맡아 보고. 그런 다음 제일 맛있어 보이는 음식으로 주문해. 너무 맛있어서 깜짝 놀랄걸.”

아다가 반박했다.

시그마 아저씨는 부엌에 쌓아 놓은 물건을 정리하고 있었고, 이모는 숙소에서 쉬겠다고 해서 호세리타가 막스와 아다를 데리고 필리핀의 전통 식당으로 저녁을 먹으러 갔다. 식당 안쪽의 진열대엔 차가운 음식으로 가득 찬 냄비가 산더미처럼 쌓여 있었다. 냄비엔 디누구안, 불라오, 루가우 등과 같은 독특한 이름이 붙어 있었다.

"으흠, 뭘 먹을까. 이 아이들에게도 뭔가를 좀 줘야 할 것 같은데. 배고픈 얼굴을 하고 있으니까 말이야."

막스는 식탁 밑에 병아리 형제가 든 상자를 내려놓으며 입을 열었다.

"누나, 이 가게는 그냥 지나치기만 했나 봐요. 본 적 없는 메뉴뿐이에요."

"나는 간장으로 요리한 찹 수이를 먹을래. 그리고……."

"아다, 네가 주문한 것은 간장 소스를 곁들인 콩 새싹 요리야. 이 음식엔 형질전환 유전자가 많이 들어 있어."

"형질전환 유전자요?"

"그래. 지금 우리가 먹는 콩 대부분은 형질전환 유전자를 가지고 있어. 다시 말해서 콩 유전자가 아닌 다른 유전자를 가지고 있는 거지."

기억해 두자!

우리가 이미 살펴본 유전자는 RNA를 코드화한 DNA의 한 부분으로, 생물체의 특성을 만드는 능력을 가지고 있다. 만일 이 유전자가 눈동자의 색깔처럼 단순하다면 단 하나의 유전자만으로도 충분하다. 홍채의 멜라닌 생산을 담당하고 있는 유전자 OCA2에 대해 이야기했던 것을 떠올려 보자. 그러나 키와 같이 아주 복잡한 특성을 가진 것이라면 특성을 결정하는 데 많은 유전자가 개입한다.

호세리타가 너에게 설명해 줄 거야!

형질전환 유기물은 무엇인가?

오리너구리의 세포를 하나 집었다고 상상해 볼래? 우린 이 세포에서 오리너구리의 DNA를 추출할 수 있어. 그런데 이 DNA의 일정 부분을 잘라서 그 자리에 다른 생물의 유전자를 집어넣었다고 상상해 봐. 네 맘에 드는 유전자, 즉 뭔가 매력적인 특성을 줄 수 있는 유전자를 주입해 보는 거야. 으응, 나라면 필리핀안경원숭이 눈동자의 유전자를 이용해 보고 싶어.

필리핀안경원숭이에 대해서 들어 봤니? 영장류의 꼬마 친구인데 몸길이가 15센티미터 정도로 무척 작고, 필리핀의 열대림에서 살고 있어. 특히 눈이 무척 예쁘지.

이렇게 오리너구리의 DNA에는 없었는데, 인간이 인위적으로 유전자 조작을 통해 집어넣은 유전자를 **형질전환 유전자**라고 해

이 변형된 DNA를 오리너구리의 모세포에 집어넣어 성장과 분할을 거쳐 각각의 부분으로 특화되면, 자! 이제 완성. 형질전환 생

물이 만들어진 거야. 우리가 만든 것은 '오리너구리안경원숭이'가 되는 셈이지. 실은 이렇게 빨리 만들어지진 않아. 아주 단순한 형질전환 생물을 만드는 데도 몇 달, 혹은 몇 년이 걸리니까.

아다 형질전환 콩이라고요? 그러면 보통의 콩이 아니잖아요. 그런데 잠깐만요, 잠깐만. 근데 콩이 자기 것이 아닌 유전자를 어떻게 가지고 있을 수 있어요?

호세리타 실험실에서 다른 종의 유전자를 주입한 거지. 그렇게 해도 콩은 자기 유전자로 인식을 해.

막스 어지러워요! 정말 이상한 일이잖아요. 어떻게 그렇게 할 수 있어요?

심화 자료 돋보기

형질전환 유전자(예컨대, 특히 매력적인 특성을 가진 살아 있는 생물의 유전자)를 식물 게놈에 주입하기 위해서는 분자 공학과 최신 기술이 필요하다. 아주 정밀하고 세밀한 그리고 무척 복잡한 과정 말이다. 그게 바로 '**유전자총법**(입자총법)'이다!

맞아! 1990년대의 분자 생물학 실험실에선 꼬마 입자에만 신경 쓴 것은 아니고, 식물 게놈에 유전자총을 쏘기도 했지. 주요한 식량 자원 중 하나인 콩의 경우 금의 나노 입자를 이용했어. 표면을 금으로 입힌 0.001에서 0.005밀리미터 사이의 아주 작은 입자를 만든 거야. 유전자총 실험에선 대략 3.5밀리그램 정도의 아주 소량의 금을 사용하기 때문에 할머니 금반지 정도만 있으면 엄청나게 많은 실험을 할 수 있어.

과학자들은 금 나노 입자에 형질전환 유전자를 고정시킨 다음 콩에 삽입하고자 했어. 축제를 시작해 보자! 나노 입자를 유전자 권총에 장착하고 **콩의 배아 세포(암수 생식세포가 수정 후 조직과 기관으로 분리되기 전 세포)에 발사**해. 다시 말해서, 완전한 한 그루로 자랄 수 있는 콩 세포에 말이야. 이 형질전환 총알은 콩의 세포막을 뚫고 지나가 핵에, 즉 DNA에 도달해.

유전자는 콩 DNA의 어느 곳으로든, 다시 말해 문제를 일으킬 수 있는 곳으로도 삽입될 수 있어. 그럼 과학자에게 남은 일은 총격을 받은 수백 개의 세포를 발아시켜 어떤 콩이 건강하고 튼튼하게 그리고 과학자들이 전해 준 새로운 유전자의 속성을 가지고 잘 자라는지를 살펴보는 거야.

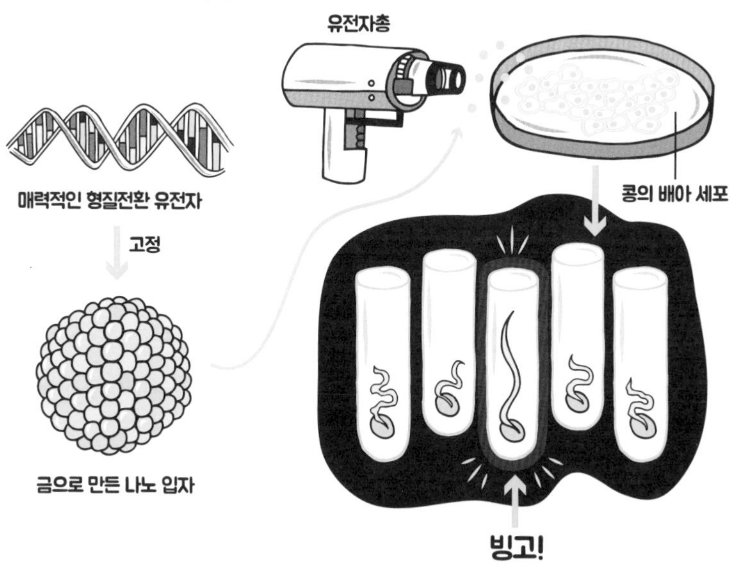

과학자들은 철두철미한 성격을 가졌거든. 그래서 건강하고 튼튼한 식물이 되도록 유전자를 잘 배열해.

계통도 건너뛰기
171쪽으로

식물은 변질될 수 없는 자신만의 생명 활동을 이어 가야 하니까 새로운 유전자가 콩 게놈의 적절한 지점에 삽입되었는지 잘 살펴야 해.

"유전자총법이 형질전환을 시키기 위한 유일한 방법은 아니야."

호세리타가 계속 설명을 이어 나갔다.

"방법이 더 있어요?"

아다는 놀라지 않을 수 없었다.

"수없이 많지! 내가 가장 좋아하는 형질전환 방법은 **아그로박테리움법**이야. 식물에 근두암종(뿌리나 줄기에 생기는 비정상적인 혹)이라는 질병을 일으키는 박테리아인 아그로박테리움 투메파시엔스를 이용하는 거지. 이 박테리아는 특이한 점을 하나 갖고 있어. 아그로박테리움 그 자체가 식물 세포로 들어가지 않고, 아그로박테리움의 유전자를 식물 세포로 이식시켜 질병을 일으키는 거야. 아주 자연스럽게 식물 세포를 감염시키는……. 오, 막스! 그런 얼굴 하지 마."

"그런데 왜 아그로박테리움이 유전자를 식물 세포에 이식시키는 건데요?"

막스가 물었다.

"아그로박테리움은 매우 거대한 티아이 플라스미드Ti plasmid라는 유전체를 갖고 있어. 이 티아이 플라스미드의 일부인 T-DNA를 식물 세포에 이식시키는 과정에서 세포 분열이 촉진되고 결과적으로 근두암종이 생기는 거야. 이때 아그로박테리움이 좋아하는 먹을거리인 아미노산도 만들어지거든. 아미노산을 영양분으로 삼아 쑥쑥 크는 거야. 아그로박테리움이 식물을 개인 요리사로 바꾼 셈이지."

"이 박테리아가 먹을거리를 생산하는 형질전환 식물을 만들어 내는 건가요?"

막스가 깜짝 놀란 얼굴로 말을 받았다.

"제라늄으로 계피 과자를 만든다는 것을 상상할 수 있어요?"

아다가 말했다.

"그건 말이 안 되지! 계속 이야기해 보자. 우리는 실험실에서 이 박테리아를 속일 수 있어. 아미노산을 만들어 내는 아그로박테리움의 유전자를 우리 맘에 드는 유전자로 살짝 바꾸는 거지. T-DNA를 잘라내고 그 자리에 우리가 선택한 유전자를 삽입시킨 아그로박테리움을 식물 세포에 감염시켜 배양하는 거야. 이것이 바로 우리가 형질전환 유기물을 만들 때 이용하는 작은 속임수야. 그런데 아직은 소수의 식물에만 적용할 수 있어. 왜냐하면 아그로박테리움은 모든 형태의 식물이나 동물과 잘 어울리는 것은 아니거든."

유전학이 주는 주의 사항

네가 이런 질문을 던질지도 모른다. 콩에 유전자를 주입하는 목적은 뭘까? 식물에 특정 유전자를 집어넣는 것이 우리에게 어떤 이익을 안겨 줄까?

콩의 경우, 아주 강력한 제초제에도 저항력을 키울 수 있는 유전자를 주입한다. 이런 식으로 지구상에서 가장 중요한 작물의 수확을 확실하게 보장받을 수 있다. 또 농부는 콩에 해를 주지 않고도 제초제를 마음껏 사용할 수 있다.

하지만 이러한 이유로 제초제를 과다 사용하면 강이나 개울 그리고 호수가 오염되고, 더 큰 문제는 우리가 먹는 형질전환 콩에 제초제의 일부가 남게 된다는 것이다.

그렇다면 형질전환 유기물은 무조건 나쁜 걸까?

심화 자료 돋보기

모든 것을 흑백 논리로만 볼 수는 없다. 형질전환 유기물인 유전자 변형 농산물인 GMO Genetically Modified Organism에는 고려해야 할 요소가 엄청나게 많다. 동전의 양면을 아주 꼼꼼하게 살펴봐야 한다. 그리고 많은 정보를 수집해야 하고 극단적인 판단을 삼가야 한다.

형질전환 콩은 아직 인간에게는 유해한 결과를 보이고 있지는 않다. 안 좋은 점은 산업 차원에서의 악용이다. 즉 농부에게 엄청난 제초제를 구입하게 하려고 이를 이용한다. 뿐만 아니라 형질전환 콩은 재생산이 불가능한 불임으로 길러진다.

다행인 점은 형질전환 유전자가 잘 통제되고 있어 자연으로 빠져나가 다른 식물을 오염시키지는 못한다. 그러나 농부에겐 매년 새로운 씨앗을 구입해야 하는 문제가 생긴다. 예전에는 농부 중 상당수가 자신이 키운 작물의 씨앗을 잘 갈무리했다가 이듬해에 사용했는데, 지금은 이러한 선택지가 사라졌다. 반드시 형질전환 유기물을 생산하는 거대 종묘 회사에 의존해야만 한다.

너는 이 유전적으로 변형된 (혹은 아닌) 유기물에 대해 어떻게 생각하니? 이 말썽꾸러기 말이야.

레이날도는 식당 여기저기를 평화롭게 떼 지어 다니는 개미를 잡아먹고 있었다. 그때 갑자기 주방을 가린 커튼 뒤에서 바닥으로 냄비가 떨어지는 시끄러운 소리가 들려왔다. 이유는 모르겠지만 그와 동시에 시그마 아저씨가 살짝 그을린 주방장 모자를 쓰고 그곳에서 나왔다. 아직도 주방에서는 뭔가 의심스러운 검은 연기가 새어 나오고 있었다. 아저씨는 엄청나게 큰 생연어를 담은 쟁반을 들고 서 있었다.

"형질전환 연어 맛있어 보이니?"

아저씨가 아주 색다른 탭 댄스를 추면서 이야기했다.

"식당 주방엔 어떻게 들어가셨어요? 숙소를 엉망으로 만든 걸로는 부족하셨나 봐요."

막스가 아저씨를 놀렸다.

"과학자는 모름지기 인내심이 강해야 해. 난 언젠가는 위대한 셰프가 될 거야!"

"대체 그 연어를 어디에서 구하셨어요? 3킬로그램은 족히 넘어 보이는데요? 정말 커요!"

아다가 물어보았다.

"이건 사랑하는 나의 형질전환 생선이야."

아저씨가 쟁반에 올려놓은 연어를 가리키며 이야기했다.

"'삐뽀'라고 이름을 붙였지. 유전공학의 위대한 발명품이야. 너를 바라보는 이 핏발 선 눈동자, 어찌 사랑하지 않을 수 있겠니?"

아다는 말없이 한숨만 내쉬었다.

"시그마 아저씨 머리엔 좀 엉뚱한 유전자가 들어 있나 봐요."

막스가 한마디 덧붙였다.

심화 자료 돋보기

2015년 11월 19일, FDA Food and Drug Administration는…….

아직도 이해하지 못했어? 하긴 그게 정상이다. 영어로 되어 있으니까. FDA는 미국식품의약국을 가리킨다. 식품과 의약품을 인간이 사용해도 안전한지를 다루는 기관이다. 정말 중요한 기관이라서 이 기관에서 발표하는 내용은 많은 나라에서 글자 그대로 복사해서 사용할 정도이다.

앞에서 이야기한 그날에 인류 역사상 처음으로 인간이 먹을 수 있는 형질전환 동물이 미국식품의약국으로부터 승인을 받았다. 그게 바로 아쿠아드밴티지 연어이다.

기본적으로는 '대서양연어'에 '왕연어'의 성장 호르몬을 주입한 새로운 형질의 연어이다. 결과적으로 아쿠아드밴티지 연어는 좀 더 포악하고 식욕이 왕성해서 엄청나게 대식가가 되었다. 덕분에 더 빨리 크고 다른 연어보다 살이 많이 찐다.

이건 어떻게 생각하니? 네 식탁에 아쿠아드밴티지 연어가 놓인다면 먹을래?

"호세리타 언니, 음식이 나오길 기다리는 동안 형질전환 유기물에 대해서 좀 더 알려 줘요. 언니는 잘 알고 있을 테니까요."

아다가 질문을 던졌다.

"물론이지. 산더미처럼 많아. 형질전환 유기물은 인간의 먹을거리에만 이용되는 건 아니야. 엄청나게 많은 예를 들 수 있는데, 아주 멋진 선택도……."

너를 위한 형질전환 유전자
아직 다듬어지지 않은 형질전환 유기물 경연 대회

멋진 저녁입니다. 우리 진취적이고 자유로운 미래 과학자 여러분! 오늘은 '아직 다듬어지지 않은 형질전환 유기물'에 대한 인기투표 결과를 발표하는 날입니다. 경연 대회에 선발된 형질전환 유기

물은 정말 산더미처럼 많습니다. 그러나 오늘 시상대에 오른 것은 세 가지뿐입니다. 더 이상 지체하지 않겠습니다. 지금 바로 최종 결선에 오른 세 가지를 발표하겠습니다.

3위 자리엔 황금쌀입니다!

비타민 A

쌀은 지구촌 곳곳에서 주식으로 사용되는 먹을거리입니다. 아시아의 대부분 국가에서 매끼 쌀을 먹고 있지요. 여기에 대해서 질문이 있으면 호세리타에게 물어보세요.

그러나 쌀은 심각한 결함을 안고 있습니다. 비타민이 부족하다는 것이지요. 쌀을 많이 먹고 과일과 채소를 적게 먹는 사람에게는 **비타민 A(레티놀이나, 베타카로틴이라고도 알려진 것으로, 당근에 오렌지색을 띠게 해 주는 색소이기도 합니다)**가 부족한 경우가 많습니다. 이는 야맹증을 일으키기도 하고, 여타의 건강 문제를 일으키지요. 심한 경우 사망에 이르게 할 수도 있습니다.

그렇다면 어떤 해결책이 있을까요? 그건 바로 쌀에 베타카로틴 유전자를 주입하는 것이지요. 베타카로틴은 녹황색 채소에 많이 들어 있는 영양소로 인체 내로 들어가서 흡수되면 비타민 A로 전환되는 특성을 갖고 있습니다.

스위스의 잉고 포트리쿠스 박사와 독일의 피터 바이어 교수가 드디어 이것을 해냈습니다. 그들이 개발한 쌀에 황금쌀이란 이름을 붙인 이유는 비타민 A를 가득 채우면 쌀도 오렌지색을 띠기 때문이지요.

만약 황금쌀에 특허를 내면 막대한 이득을 볼 수 있는데도, 포트리쿠스와 바이어는 특허를 과감히 거부했습니다. 이 쌀이 인류애 차원에서 사용되기를 원한 것이지요. 이들과 같은 과학자들, 얼마나 멋집니까! 황금쌀은 현재 필리핀에 위치한 국제미작연구소IRRI에서 연구되고 있습니다.

자, 토론이 시작됩니다! 비타민 A를 가진 쌀이 많은 사람들의 생명을 구할 수 있는 천재적인 생각 같지만, 반대로 여전히 많은 문제를 가지고 있습니다. 비타민 A의 결핍으로 인해 병에 걸린 사람들은 베타카로틴이 많이 함유된 당근과 고구마를 먹는 것만으로도 충분하므로 형질전환 쌀이 필요하지 않다는 이야기도 있고요. 하지만 가난한 나라에서는 대개 직접 재배한 작물을 먹기 쉬운데, 땅에서 자라는 것이 쌀뿐이라면, 베타카로틴 유전자가 주입된 형질전환 쌀이 반드시 필요할 것입니다.

여러분의 생각은 어떻습니까? 형질전환 유기물에 대한 간단한 대답은 존재하지 않습니다. 많은 생각을 해야만 하지요.

2위 자리는 바로바로 인슐린을 생산할 수 있는 대장균(학명 : 에스케리치아 콜리)이 차지했습니다.

인슐린

DNA 재조합 기술을 이용하여 인간의 인슐린 유전자를 병합함으로써 이 초소형 유기물이 엄청난 양의 인슐린 단백질을 생산하는 것이 가능해졌습니다. 대장균이 인슐린 단백질을 생산한 다음 밖으로 토해 내기 때문에 우리는 그것을 받아 당뇨병 환자를 치료하는 데 사용할 수 있습니다.

그런데 당뇨병이 무엇인지 잘 모른다고요? 희미하게라도 기억하고 있을 텐데요. 이것은 우리가 설탕을 먹었을 때, 설탕이 세포에까지 도달하지 못하고 피 속에 남아 있는 병이지요. 달짝지근해진 채로 말입니다. 쉽게 상상할 수 있을 것입니다. 피가 캐러멜 같다면, 드라큘라에게는 이상적일 테지만 그리 멋진 생각은 아닌 듯싶습니다. 왜냐하면 설탕이 많이 포함된 피는 여러 가지 문제를 일으킬 수 있습니다. 우선 시력이 흐려질 테고, 목이 심하게 마르고, 피부가 건조해지고, 호흡이 힘들고, 구토나 메스꺼움을 유발하니까요. 혹은 사망에 이를 수도 있고요. 우리 인간은 그런 상황을 원치 않지요!

인슐린은 당분이 세포 속으로 들어갈 수 있게끔 도와주는 역할을 합니다. 그래서 당뇨병 환자에게는 최고의 치료제인 셈이지요. 인슐린은 췌장에서 만들어지는데 2형 당뇨병 환자는 췌장에 문제가 있어서 충분한 인슐린을 생산해 내지 못합니다. 그래서 이러한 사람들은 인슐린이 필요할 때마다 혈관에 직접 인슐린을 주사해야 하지요. 그런데 이 작은 형질전환 대장균 덕분에, 우리는 원하는 만큼의 인슐린을 보유할 수 있게 되었습니다. 이 형질전환 유기물에 대해서는 불평하는 사람이 아무도 없습니다. 전 세계의 모든 형질전환 유기물에 대해 반대하는 급진적인 사람들도 대장균에 대해서만큼은 불평하지 않습니다. 정말 고마운 세균이지요.

두구두구…… 마지막으로 시상대의 가장 높은 자리에 오른 형질전환 유기물은…… 말라리아에 맞서 싸우는 식물인 개똥쑥(학명 : 아르테미시아 안누아)입니다!

개똥쑥은 바이오 약제 농업의 보물이지요. 그렇습니다. 여러분도 들어 봤을지 모르겠지만, 몇몇 식물은 트리코마라고 불리는 털

개똥쑥

을 가지고 있습니다. 트리코마는 액체를 생산해 내는데, 이 액체는 자연적으로 말라리아를 치료할 수 있는 물질인 '아르테미시닌'이라는 화학적인 화합물을 함유하고 있습니다. 형질전환 개똥쑥은 식물의 솜털에 있는 아르테미시닌의 농축을 엄청나게 강화하는 유전자를 DNA에 가지고 있지요. 우리가 계속해서 아르테미시닌의 농축을 강화해 나가면 개똥쑥의 용액만으로도 말라리아를 치료할 수 있게 됩니다. 멋져부러!

말라리아는 매년 50만 명 이상을 죽음으로 몰고 가는 아주 무서운 질병입니다. 말라리아모기의 침샘에 사는 아주 흉악한 기생충인 열대열원충이 이를 유발하지요. 말라리아모기에 물린 사람의 피 속으로 이 흉악한 기생충이 들어가게 되면 말라리아에 걸리게 됩니다. 이 기생충이 피 속을 흐르며 산소를 운반하는 적혈구를 공격하는데, 말라리아를 적기에 치료하지 않으면 사망에 이를 수도 있습니다. 말라리아 환자를 조기에 식별해 재빨리 치료제를 처방해야만 합니다.

이미 말라리아 치료제가 있는데, 무슨 소리냐고요? 문제는 주로 가난한 나라에서 말라리아가 유행하기 때문에 상대적으로 비싼 치료제를 감당할 수 없다는 것입니다. 형질전환 개똥쑥을 재배할 수 있다면 그것으로 말라리아를 적기에 치료할 수 있겠지요? 그래서 개똥쑥이 최고 자리에 오른 겁니다. 의심의 여지없이 개똥쑥이 받을 만하지요! 가장 멋진 형질전환 유기물입니다!

그러나 여기에서 끝이 아닙니다. 최고로 대중적인 인기를 끌고 있는 가장 유쾌한 형질전환 유기물은 어둠 속에서 빛을 내는 발광어입니다!

녹색형광단백질

이 작은 물고기는 어둠 속에서 밝은 빛을 냅니다. 이러한 초능력을 갖게 된 이유는 녹색형광단백질[GFP]을 생산하는 아에쿠오레아 빅토리아 해파리에서 유래한 유전자 덕분입니다. 이 해파리는 형광 물질을 스스로 방출하거든요.

사실, 녹색형광단백질 유전자는 어떤 유기물에도 얹어 놓을 수 있습니다. 쥐, 개, 사람, 코끼리, 고래 등 이 모든 생물이 형광 물질을 내게 되는 겁니다. 완전 멋지죠! 녹색형광단백질 유전자는 어둠 속에서 빛을 내는 마스코트를 만들 때 주로 사용하는 것이 아닙니다. 오히려 특정 발광 세포(혹은 세포의 일부)를 다른 모양으로 바꾸기 위한 연구에 이용되고 있습니다. 이런 식으로 형질전환을 시킨다면 좀 더 잘 볼 수 있고 깊이 있는 연구가 가능할 테니까요.

아다 잠깐만, 잠깐만요. 그러니까 레이날도는 돌연변이가 아니에요! 형질전환 동물인 거죠! 이 닭의 알은 옛날에 살았던 용의 화석 광상 위에 놓여 있었을 거예요. 틀림없어요. 그래서 고대의 용 화석에 남아 있던 DNA가 땅 위로 올라와 달걀 속으로 들어간 거라고요. 용의 DNA가 병아리에 침투해서 레이날도가 그런 특징을 갖게 된 거예요. 병아리 크기이면서 깃털은 없고 이빨을 가지고 있으며, 아마 좀 더 자라면 주둥이에서 불을 뿜을 거예요. 분명해요. 곧 그런 모습을 볼 수 있을 거라고요!

시그마 아니야, 아다! 그건 불가능해. 먼저 DNA는 다른 생물에 침투할 수 없어. 그건 영화에서만 가능해. 만약 그게 가능하다면...... 나에겐 황제나비 DNA가 침투했으면 좋겠구나. 정말 멋지겠지? 그렇지만 DNA는 사람이나 병아리에 들어갈 수 없어. 만일 형질전환 동물을 만들고 싶으면 식물에서의 경우와 마찬가지로 선의의 유전공학을 이용하는 방법밖에는 없어. 분자 생물학 실험실에서 사용하는 방법 말이야.

형질전환 동물을 만드는 방법은?

미래 과학자 친구들! 우리는 DNA의 분자를 마음대로 다룰 수 있어. 자르고, 붙이고, 교체하고. 이 모든 것을 통제할 수 있다면, 세상을 이상한 벌레로 가득 채울 수 있지 않을까?

형질전환 동물을 만들기 위해서 가장 먼저 해야 할 일은 아주 조심스럽고 신중하게 우리가 어떤 형태의 형질전환을 원하는가를 결정하는 거야. 계획 말이야.

막스 날아다니는 고양이요!

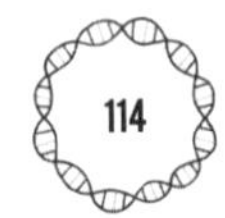

호세리타 원격 조정 강아지는 어때요?

아다 나는 레게음악을 하는 장밋빛 오징어!

시그마 얘들아! 형질전환 동물을 만들기 위해 가장 먼저 생각해야 할 점은 유용성이야. 어디에 쓸 것인가. 우리 인간을 어떻게 도와줄 수 있는가. 그런 거 말이야. 단지 재미로 형질전환 동물을 만드는 것은 인간 윤리에 어긋나.

호세리타 그렇다면 거미-염소를 만들까요? 젖에서 거미줄 단백질을 얻을 수 있는 염소 말이에요.

심화 자료 돋보기

거미-염소는 이미 존재한다. 2011년 미국의 유타주립대학의 몇몇 과학자들은 **젖에서 거미줄 단백질을 생산할 수 있는 형질전환 염소**를 만들었다. 염소젖을 짜서 여과하면 거미줄 단백질을 얻을 수 있고, 이 단백질로 실을 만들면 짜잔! 목도리를 짤 수 있다! 어떤 섬유보다도 유연하면서도 강한 이 신소재는 의료 등 여러 분야에 활용될 수 있기 때문에 과학자들은 이를 대량 생산하여 상업화하는 방법을 연구하고 있다.

고비용 실험

거미-염소 만들어 보기

재료

거미 DNA, 염소의 난자, DNA를 자르기 위한 유전자 가위, 거미 DNA를 염소 난자에 삽입할 때 필요한 아주 정밀한 침

프로토콜

자, 이제 작업을 시작해 보자! 가장 먼저 해야 할 일은 우리가 원하는 DNA를 분리해 내는 것이다. 준비된 거미의 DNA에서 거미줄 유전자를 찾아보자.

아주 작은 유전자 가위로 거미줄 유전자를 잘라 내 염소의 난자에 바로 주입해야 한다. 이 유전자는 염소 난자의 DNA에 자리잡게 될 것이다. 정확하게 자리를 잡게 하려면 많은 난자를 이용해서 수차례 실험을 해야 한다.

자, 이제 플로렌시아를 부르자. 우리에게 염소의 임신 기간인 다섯 달 동안 엄마 역할을 해 줄 암염소 플로렌시아를 말이다. 물론 다른 염소도 상관없다. 내가 플로렌시아를 부른 이유는 플로렌시아와 신뢰 관계를 형성하고 있기 때문이니까.

자리를 잡은 난자는 플로렌시아의 배 속에서 점점 커 나갈 것이다. 최종적으로는 새로운 유전자를 가진 새끼 염소가 태어날 것이다. 이런 식으로 형질전환 염소를 얻는 것이다.

막스 인공적인 방법으로 거미줄을 만들 수도 있잖아요? 염소는 가만 놔두고요.

시그마 그렇게 할 수 있으면 좋겠는데……. 이 반대만 하는 녀석아! 아직까진 인공 거미줄을 만드는 방법을 몰라. 거미줄 섬유는 비슷한 두께를 가진 쇠줄보다도 강도도 높고 탄성도 커. 그래서 끊어지지 않고 원래 길이보다도 1.35배 정도 길게 늘일 수도 있지. 거미줄은 우리가 아는 가장 최신의 그 어떤 섬유보다도 강도가 세 배나 세기도 하고. 이와 비슷한 것을 만들 수 있는 기술은 아직 개발되지 않았어.

예언가, 신탁을 미리 알려 주는 시그마
형질전환 동물 생산의 미래

예전에는 형질전환 동물이 순전히 우연의 산물이었어. 만일 네가 고른 유전자가 정확하게 네가 변형시키고자 하는 유기물의 게놈에 자리를 잡으면 정말 운이 좋은 경우에 해당했고, 요행으로 형질전환 유기물을 얻을 수 있었지. 그러나 이것 또한 아주 긴 과정을 거쳐야만 했고, 어떤 형질전환 유전자가 정확한 장소로 갔는지 또 어떤 것은 아닌지를 분석해 나가야만 했어. 정말 기나긴 여정이 아닐 수 없었지!

그러나 몇 년 전에 분자 생물학 실험실을 혁신적으로 바꾼 신기술이 개발되었어. 잘못된 유전자를 교정할 수 있는 그 기술을 **크리스퍼 시스템**CRISPR/Cas9 이라고 불러. **우리가 선택한 게놈의 위치에 정확하게 유전자를 자리잡을 수 있도록 하는 시스템**이야.

방법은 아주 단순해. 크리스퍼는 DNA를 자르는 유전자 가위인데, 프로그램화가 가능해서 실험실에서 어떤 곳의 DNA를 자르기를 원하는지를 명령하면 정확하게 그곳을 자를 수 있어. 이런 식으로 정확하게 형질전환 유전자를 원하는 곳에 삽입할 수 있게 되었지. 이제는 형질전환 유기물 생산에 사용했던 전통적인 방법에서 발생할 수밖에 없던 수많은 문제를 피할 수 있어. **바로 여기에 우리 미래가 있어!**

"만세! 드디어 음식이 나왔어!"

가게 종업원이 다가오자 아다는 손뼉을 치며 열광했다.

"배고파 죽는 줄 알았어."

호세리타도 맞장구 쳤다.

"아, 정말 색도 예쁘네. 다 맛있어! 막스, 넌 뭘 주문했어?"

막스가 주문한 음식에서는 좀 역겨운 냄새가 났다. 스컹크 농장에서 나는 냄새랄까. 누르스름하고 걸쭉한 수프의 일종이었는데 뜨겁기도 했다. 막스는 그 음식을 병아리 형제에게 주려고 했다.

그러나 병아리들도 깜짝 놀라고 겁에 질려 시그마 아저씨의 겨드랑이 밑으로 도망쳐 버렸다.

유전학 테스트

너 혹시 형질전환 인간이니?

1. **저녁만 되면 황당하게 스스로 빛을 내는 바람에 잠에서 깬 적이 있습니까?**

   예 / 아니요 / 가끔

2. **털을 이용하여 항-말라리아 물질을 생산할 수 있습니까?**

   예 / 아니요 / 가끔

3. **과다한 비타민 A 섭취로 인해 엉덩이가 오렌지색이 된 적이 있습니까?**

   예 / 아니요 / 가끔

4. **손목에서 거미줄이 나옵니까?**

   예 / 아니요 / 가끔

5. **재채기할 때 귀에서 인슐린이 뿜어져 나옵니까?**

   예 / 아니요 / 가끔

대부분 '예'라고 대답한 경우 : 당신은 호모 사피엔스로서의 특징은 별로 없습니다. DNA에 뭔가 이상한 유전자가 주입된 것이 분명하군요. 유전자 배열을 살펴보세요.

대부분 '아니요'라고 대답한 경우 : 유감입니다. 당신은 유전적으로 변형되지 않은 다른 인간과 똑같이 너무나 평범하군요.

대부분 '가끔'이라고 대답한 경우 : 당신의 게놈은 좀 튀는 유전자를 가지고 있네요. 언젠가 당신은 엑스맨이 될 것입니다.

CHAPTER 5

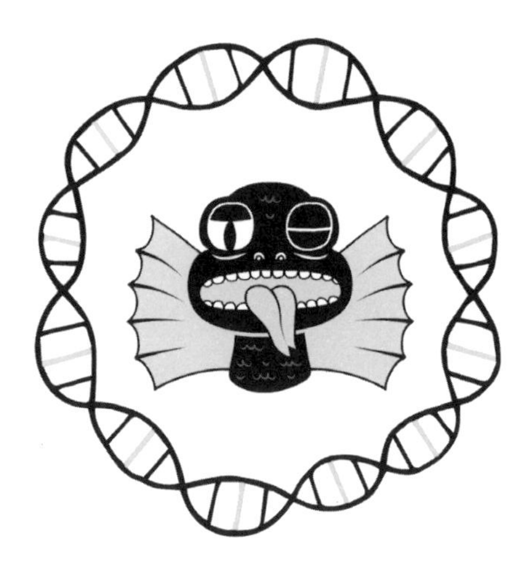

"호세리타 누나, 누나는 정말 멋져요! 동물 피난처에서 자원봉사를 하다니. 누나 같은 사람들이 많아져야 하는데."

강아지, 고양이, 거북이, 그리고 형언하기 어려운 색을 가진 새들로 가득 찬 곳으로 들어가며 막스가 입을 열었다.

"빨리 들어와, 막스. 그렇게 침 흘리면서 걸으면 우리가 부끄럽잖아."

막스의 옆구리를 찌르며 아다가 말했다.

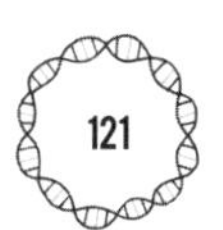

"입 좀 다물어!"

막스가 소리쳤다.

병아리 형제들은 여기저기 몰려다니기에 바빴다. 그러나 레이날도는 새장에서 극락새와 함께 조그만 둔덕 위를 날아오르며 놀았다.

"날 따라와. 이제부터는 여기에 얼마나 다양한 동물이 살고 있는지 보여 줄게. 그럼 강아지부터 시작해 볼까. 강아지는 내가 가장 좋아하는 동물이야."

호세리타가 말했다.

"그래요? 정말 우연이지만 나도 강아지가 제일 좋은데."

"막스, 너무 속 보인다. 당장이라도 두드러기 날 것 같거든. 헐, 눈이 엄청 동그래졌네."

"그만 입 좀 다물라고!"

막스 얼굴이 붉으락푸르락했다.

"이곳에서는 여러 종의 강아지를 볼 수 있어. 이것은 마스티프 종이고, 이건 차우차우, 저긴 불도그이고, 시바견도 있고……. 어, 시그마 선생님? 선생님! 거기서 페키니즈와 뭘 하는 거예요?"

"얘가 내 플라스틱 뼈다귀를 빼앗아 갔어."

"에고! 호세리타 언니, 여긴 개가 정말 많네요. 종류도 다양하고요. 아저씨 뼈다귀를 입에서 놓지 않는 덩치가 작은 개부터 늑대같

이 생긴 개까지요."

아다는 정말 놀란 표정이었다.

"그래, **진화**는 정말 어려운 거야."

시그마 아저씨가 페키니즈 주둥이에서 뼈다귀를 빼앗으며 입을 열었다. 페키니즈는 뼈다귀를 되찾으려고 이빨을 드러내고 발톱을 세웠다.

"진화요? 개가 발차기하는 쪽으로 진화한 것이 뭐가 잘못됐나요?"

막스가 질문을 던졌다.

진화! 정말 신비하지!

진화 덕분에 지구의 생명체들은 어마어마한 다양성을 가질 수 있는 거야. 펭귄부터 하이에나까지, 박테리아에서 바나나까지, 원숭이부터 바퀴벌레까지 말이야. 우리 사랑스러운 미래 과학자들도 곧 알게 될 거야. 늑대와 치와와가 할아버지의 할아버지 대에선 똑같았는데, 그러니까 예전에는 조상이 같았으나, 지금은 왜 그렇게 많은 차이가 있는지를 말해 주는 게 바로 진화거든.

만약 우리가 아주 먼 과거로, 약 2만여 년 전으로 여행할 수 있다면 늑대와 여타 개의 조상 격인 늑대 조상을 만날 수 있을 거야. 이 늑대 조상은 야생의 진화를 계속해 왔고, 현재 우리가 알고 있는 늑대의 모습으로 바뀌었지. 동시에 다른 늑대 조상은 인간에게 길들여져서 오늘날 우리가 알고 있는 다양한 개들이 되었고 말이야.

아다 왜 그런 차이가 생긴 거죠?

호세리타 그런 차이 덕분에 각각의 동물은 지구상의 서로 다른 곳에서 살아갈 수 있는 거야. 마스티프 종은 피레네산맥의 눈 덮인 산악 지방에서 살아가기 좋게 변했고, 치와와는 할리우드의 가정집에서 사랑받으며 살 수 있게 변한 거지. 자신의 환경에 맞게 각각 적응한 거야.

막스 으흠, 그건 아닌 것 같은데요……. 생명체가 어떤 특성을 갖게 될지를 진화가 결정한다고요? 어떻게 그럴 수 있죠?

잘 봐. 세상에는 엄청나게 많은 벌레가 있지? 각각은 믿을 수 없이 다양한 특성이 있어. 펄펄 끓는 100℃의 물에서 살 수 있는 박테리아도 있고, 막대기처럼 생긴 대벌레도 있고. 뻣뻣한 진짜 막대기 말이야! 그리고 시그마 아저씨는……. 뻣뻣한 머리칼을 가진 덕에 중력의 법칙에 거스르는 앞머리를 유지할 수 있는 거고.

우리가 앞서 살펴봤듯이 이러한 특성은 유전자라는 형태로 DNA에 쓰여 있어. 엄청난 양의 서로 다른 유전자 특성이 만들어지기까지 어떤 식으로 진화가 이루어졌을까? 그건 유전자 재편성과 변이 덕분이야. 골치 아프지 않게 가볍게 살펴보자.

유전자 재편성

네게 형제가 있다면, 너와 형제가 왜 그렇게 다른지 부모님께 물어본 적 있니? 그렇다면 이 책을 계속해서 읽어 봐. 뭐, 그렇지 않다면 지금 당장 화장실로 달려가 거울을 한번 쳐다봐. 그러고는 같은 부모에게서 왜 나랑 형제가 이렇게 다른지 스스로에게 물어보는 거야. 그다음 다시 책을 집어 들면 돼. 자, 그럼 계속하자.

너의 DNA는, 그래 네가 어떤 특성이 있는지를 말해 주는 DNA는 엄마 DNA 반과 아빠 DNA 반으로 구성되어 있어. 엄마 DNA는 난자를 통해서, 아빠 DNA는 정자를 통해 받은 거야. 바로 여기에서 가장 멋진 일이 벌어지지. 자연은 믿을 수 없는 신비를 보여줘! 엄마의 난자는 정확하게 똑같은 DNA를 가진 난자를 만드는 법이 없단다. 아빠의 정자 역시 DNA가 똑같은 정자를 만드는 법이 없지.

만일 엄마가 자기 DNA의 50퍼센트만을 너에게 전달할 수 있다고 한다면, 엄마가 가지고 있는 특성 중에서 일부만이 너에게 전해진다는 것을 의미하는 거야. 마찬가지로 엄마 몸 안에서 난자가 만들어질 때, 순전히 우연에 의해서 그 특성 중 일부가 선택되는 거지. 이런 식으로 각각의 난자는 조금씩 달라지는 거야. 정자도 같은 원리이고. 그래서 난자와 정자가 합해진 수정란이 서로 다른 특성을 띠게 되는 거야. 엄마에게서 받은 것과 아빠에게서 받은 것 모두 똑같이, 형제에게 준 것과 마찬가지로 각각 다른 특성을 건네받은 거지.

분명한 것은 이러한 유전자 재편성이 우연에 의해 일어난다는 점이야. 이 재편성 덕분에 우리는 형제와 다르고, 지구상에 그토록 다른 수많은 개체가 생기는 거란다. 네 부모님은 각각의 후손에게 서로 다른 특성을 가진 혼합물을 건네주었어. 네가 제아무리 많은 사촌 형제가 있다고 하더라도 다 다를 수밖에 없는 거지(그러나 일란성 쌍생아의 경우는 예외야. 이들은 유전적으로 완전히 동일한 개체거든).

아다, 너는 이모처럼 근시잖아, 그렇지? 그리고 막스는 시력은 좋지만 아마 마르시알 할아버지처럼 분명 대머리가 될 거야.

변이

변이에 대해서 기억하고 있지? 기억하고 있을 거라고 믿어. 변이는 **DNA에서 우연히 일어나는 변화인데, 그 원인은 무척 다양해.** 방사선, 유독 물질, 화학 물질 등 우리 몸에 계속해서 변이를 유발하는 요인은 셀 수 없이 많거든.

이러한 변이 중 몇 가지는 전혀 마음에 들지 않아! 왜냐하면 인간에게 치명적인 질병을 유발할 수도 있기 때문이야. 다행인 사실은 그런 변이는 많지 않아. 결과적으로 변이의 대부분은 우리 몸에

별다른 영향을 주지 않거나, 오히려 좋은 영향을 미치기도 하지. 우리가 환경에 적응할 수 있도록 도와주는 것도 변이거든.

이런 좋은 변이가 일어나면 우리는 자손에게 물려준단다. 다시 말해 변이는 상속이 가능하고, 진화에 기여하는 거지!

예를 들어 우연히 일어난 변이 덕분에 야간 시력이 좋아졌다고 상상해 보자. 밤에 소변을 보려고 침대에서 일어날 때 방 안의 가구와 부딪히는 일이 없어질 거야. 확실히 장점이 있는 변이지? 만약 네 자식이 이를 물려받는다면 마찬가지로 어둠 속에서도 잘 볼 수 있어. 사실 이건 꽤 멋진 일이긴 하지만, 야간 시력이 나쁜 사람들과 비교해 봤을 땐 그리 큰 장점은 아니야.

그렇지만 부엉이를 떠올려 봐. 부엉이에게 어둠 속에서도 잘 볼 수 있는 시력을 갖는다는 것은 밤에도 조심성 없는 생쥐를 잡아 식량을 구할 수 있으니, 엄청나게 큰 장점이 될 거야. 이렇게 부엉이에게 밤눈은 무척 중요한데, 이것이 우연에 의한 것이라고는 정말 믿기 힘들지? 그렇지 않니? 하지만 이건 사실이야. 한마디만 더 하자면, 너만 믿기 힘든 일은 아니야. 변이나 종에 있어서의 변화가 어떻게 일어나는지에 대해선 모두 어마어마한 의심을 가지고 있었으니까.

진화가 어떤 식으로 이루어지는지 이해하고 싶다면, 가장 예리한 자연 과학자 두 명의 이론을 찾아보면 돼. 그중 한 명은 진화론의 창시자인 **찰스 다윈**이야. 그는 다른 개체와 비교하여 하나의 개체가 보여 주는 변화는 순전히 우연에 의해서 이루어진다고 주장했어. 예컨대 부엉이의 밤눈은 완벽하게 요행에서 비롯되었고, 밤눈으로 인해 사냥하는 데 더 좋은 능력을 발휘할 수 있었으니까 살아남을 수 있었다는 거야. 이것을 **'자연 선택설(자연 선택 이론)'**이라고 하는데 다윈의 진화론에서 가장 핵심이 되는 부분이야. 다시 설명하자면 부모가 가지고 있는 형질이 후대에 전해질 때 '자연 선택'을 통해 주위 환경에 더 잘 적응하는 형질을 가진 개체가 선택되어 살아남아 전해짐으로써 생물이 서서히 변화, 진화하게 된다는 얘기야.

또 다른 한 명은 **장 바티스트 라마르크**야. 그는 생명체에서 볼 수 있는 변화는 환경에 적응하는 데서 비롯됐다고 주장했지. 예컨대 처음에는 부엉이가 밤에 커다란 파이도 보지 못했는데, 오랜 시간 노력을 쏟은 끝에 조금씩 볼 수 있게 되었다는 거야.

엄청나게 많은 유전적인 특성을 통제하는 DNA 측면에서 보았을 때, **다윈은 부엉이 밤눈 유전자의 변이가 우연에 의해 일어났다고 주장했고, 라마르크는 밤에 사냥해야만 할 필요성으로 인해 변이가 일어났다고 주장한 거야.** 라마르크는 그 필요성이 어떤 식으로든 부엉이의 유전자에 영향을 주었고, 수 세대에 걸친 기나긴 시간이 흐르면서 조금씩 변화해 결국 밤눈을 갖게 되었다고 이야기했지. 이렇게 생물은 환경에 대한 적응력이 있어서, 자주 사용하는 기관은 발달하고 그렇지 않은 기관은 퇴화하고, 그것이 유전되어 생물이 변화(진화)한다는 게 그가 주장한 **'용불용설(用不用說)'**이야.

너는 누구 편을 들 거니?

변이는 우연히 일어난 것일까, 아니면 방향이 정해진 걸까? 누구 편을 들지 과학적으로 그리고 아주 엄밀하게 따져 보자.

닭싸움

안녕하십니까, 여러분! 링 위에 야간 결투를 앞둔 두 선수가 올라왔습니다. 제 오른쪽에 있는 선수는 춥고 비가 많이 오는 영국 런

던에서 왔고요, 항상 흘러내린 머리카락으로 온 얼굴을 덮고 다니는 차아아알스 다위위윈입니다! 오늘은 모자를 써서 머리칼을 감췄지만 말이에요.

그다음 제 왼쪽으로는 방금 프랑스 파리에서 도착한 좀 신경질적으로 생긴, 계속되는 가난과 가정적 불행으로 나중에는 실명까지 하게 된 장 바아아티스트 라아아아마르크입니다!

이 둘은 19세기를 강타한 진화에 대한 가장 강력한 이론을 만든 과학자들입니다. 우리에게 진화에 대해 가장 잘 설명해 줄 수 있는 사람들이지요. 이젠 각자의 손에 마이크를 들려 드리겠습니다. 자, 결투를 시작합니다!

라마르크 : 생명체는 조금씩 환경에 적응합니다. 물론 그 과정에

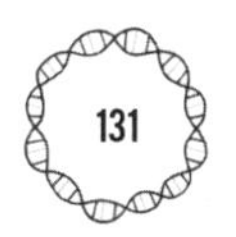

서 그들에게 부족한 것이 그들의 삶을 좌우하지요.

다윈 : 살아 있는 생명체의 특성은 그들 무리 중에서 우연히 나타난 겁니다.

라마르크 : 도대체 당신은 무슨 말을 하는 겁니까? 자, 다시 한번 살펴봅시다. 당신 코앞에서 일어나고 있는 현실이 보이지 않습니까? 그건 결코 우연이 아닙니다. 진화는 그냥 주어지는 것이 아니에요. 당신의 근육을 열심히 단련시켜 보십시오. 단련된 근육의 건강한 몸을 후세에게 물려줄 수 있을 것입니다.

다윈 : 당신 아버지는 바보 같은 소리를 열심히 연습했나 보지요? 당신의 이론이 엉터리인 걸 보니 말입니다. 우연히 만들어진 변이가 바로 진화입니다. 가장 잘 적응한 자가 살아남는 법이지요. 여기에는 이론의 여지가 없습니다.

라마르크 : 모든 것이 우연이라고요? 정말 말도 안 되는 소리만 하고 있군요. 당신은 아주 큰 착각을 하고 있어요. 이것은 토론 거리조차 되지 않아요. 진화와 적응, 이 모든 것은 관계가 있습니다. 모든 벌레는 연습으로 강해집니다.

다윈 : 다시 한번 강조합니다. 당신이야말로 말도 안 되는 착각을 하고 있어요. 당신의 케케묵은 이론은 옛날이야기에 불과합니다. 두고 보세요, 내 이론이 세상을 혁명적으로 바꿀 겁니다. 알겠어요? 앞으로 나아가지 않고 당신 이론에만 적응하려고 한다면 그 이론은 없어지고 말 겁니다.

과학자 캐릭터 카드 앨프리드 러셀 월리스

과학에서 탄생한 위대한 이론은 단 한 사람만의 노력으로 이루어지지 않는다. 같은 생각을 하는 모두의 노력으로 새로운 이론이 만들어진다. 진화에서 '자연 선택 이론'도 마찬가지였다. 이 분야에서 항상 다윈의 공만을 이야기하다 보니 정말 중요한 한 사람이 잊히고 말았다. 바로 영국의 자연학자 **앨프리드 러셀 월리스**이다. 그는 여행가이기도 했는데 아마존과 말레이 군도, 오스트레일리아 등 수많은 곳을 여행했다. 물론 저가 항공사를 이용해 여행한 것은 아니었다. 1850년대에 세계를 여행했던 그는 오스트레일리아에 갈 때엔 몇 달씩 배를 타야만 했다.

어려운 환경에서도 포기하지 않고 탐험을 계속하던 그는 1858년 그간의 연구 성과를 담은 편지를 다윈에게 보냈다. 편지엔 다윈의 생각과 비슷한 진화론에 대해 적혀 있었다. 다윈은 그것을 읽고 화들짝 놀라 친구들에게도 알렸는데, 다윈을 돕고 싶었던 친구들은 1858년 린네 학회 총회에서 둘의 논문을 공동 명의로 발표하여 세상을 바꿔 놓았다.

아다 아하, 이제 알았어! 레이날도는 비늘이 있는 병아리로 진화한 거야! 유전자 재편성으로 조상이 가지고 있던 유전자 중에서 가장 좋은 것만 물려받았고, 덕분에 슈퍼 병아리가 된 거지. 레이날도는 이제 모든 병아리 포식자들을 놀라게 할 거야. 닭의 왕이 될 거라고!

막스 야, 바보 같은 소리 좀 그만해! 제발 주의 좀 기울여 봐. 진화에는 유전자 재편성만 있는 게 아니야. 변이도 있다고 했잖아! 레이날도는 부모님의 좋은 유전자만 물려받은 것이 아니라, 엄청나게 많은 변이가 일어났던 거야. 그것도 동시에.

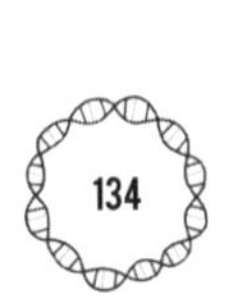

아다 그렇다면 변이 중에서도 이 세상에서 가장 멋진 변이가 일어난 거야!

호세리타 유전자 재편성과 변이, 둘을 합쳐 훨씬 멋진 이론을 만든 덕에 배당이 세 배는 될 것 같다.

호세리타가 너에게 설명해 줄 거야!

진화는 별안간 하나의 개체에서 일어나는 게 아니야. 지구상에 처음으로 생명체가 모습을 드러낸 이후 길고 지속적인 과정을 거쳐 일어났고, 오늘날까지도 지속되고 있어. 레이날도 역시 혼자서 이렇게 빠르게 진화할 수는 없어.

많은 개체가 모인 집단에서도 똑같은 일이 일어나. 이렇게 거대한 집단에서는 그들이 살아가는 환경에 가장 최적화된 특성을 가진 개체가 선택되는 거야. 포식자로부터 도망칠 수 있어야 하는 건 기본이고, 좀 더 긴 다리를 가진 것도 장점이 될 수 있어. 벌레를 잡아먹을 때 필요한 강한 부리와 이외 여러 용도로 쓸 수 있는 다양한 형태의 부리도 좋아. 만일 멀리 날아가야 한다면 튼튼한 날개와 가벼운 몸통은 필수이고.

진화는 우리가 알고 있는 모든 형태의 생명을 만들어 내기 위해 조금씩 작용해 왔어. 예를 들어 바나나를 살펴보자. 처음에 바나나는 검고 통통하고 단단한 씨로 가득해서 사람이 먹을 수 없었어. 그러나 바나나를 선별해 재배하게 되면서 좀 더 작고 부드러운 씨를 가진 바나나를 생산해 냈어. 그 결과 오늘날 전 세계인이 가장 즐겨 먹는 과일인 바나나가 탄생했지.

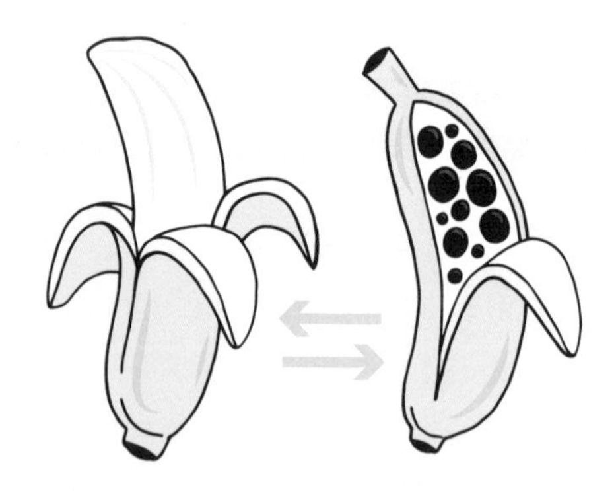

진화론이 주는 주의 사항

인간과 원숭이는 공통의 조상으로부터 갈라져 나와 각기 다른 방향으로 진화했다. 시간을 거슬러 여행한다면 늑대와 개의 공통 조상을 만날 수 있는 것처럼 인간과 원숭이의 공통 조상도 만날 수 있을 것이다. 인간은 우리가 현재 알고 있는 원숭이에서 오지 않았다는 것은 너무나도 분명하다.

원숭이가 점점 직립해 걸으며 인간으로 변해 가는 그림을 본 적 있니? 오, 이런! 그 그림은 잘못됐어. 절대로 그것을 믿으면 안 돼. 정확하게 그리고 싶다면 가지가 있는 나무처럼 그려야 해. 나무 기

잘못된 그림!

둥에는 영장류가 자리 잡아야 하고, 가지에는 영장류로부터 갈라져 나와 진화한 우리와 원숭이를 그려야 해.

옳은 그림!

지금 우리 모습은 인간이 400만 년 동안 진화해 온 결과니까 당연히 이에 걸맞게 행동해야 해.

"우리 병아리들에게도 똑같은 일이 일어났기 때문에 형제이긴

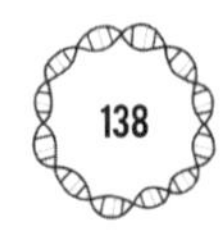

해도 서로 다른 차이를 보여 주는 거야. 판박이는 있을 수 없어."

호세리타가 못을 박았다.

"맞아요! 발린은 다른 병아리보다 더 빨리 달리고, 토린은 깃털이 가장 예뻐요."

막스가 덧붙였다.

"이 모든 개체의 특성이 진화에 영향을 줄까요?"

아다가 물었다.

"물론이지. 환경에 가장 잘 적응할 수 있는 특성을 가진 개체가 살아남게 마련이고, 그들이 좀 더 많은 후손을 갖게 되는 건 당연한 일이야. 그렇게 그들이 가진 특성이 영원히 살아남게 되는 거지."

"호세리타 말이 맞아. 어떤 특성이 유용한지, 그래서 다음 세대로 어떤 특성을 물려줄지 결정하는 것이 바로 **선택 압력**이야."

시그마 아저씨가 덧붙였다.

"살아 있는 개체의 죽음을 일으킬 수 있는 환경 요인이 있다면 그것이 선택 압력이 될 거예요. 예를 들어, 포식자, 가뭄, 가축, 기생충, 질병. 이외에도 엄청나게 많은 것이 있겠죠."

아다가 끝을 맺었다.

진화 테스트 :
병아리 형제는 잘 적응했을까?

병아리 형제가 가지고 있는 서로 다른 특성을 잘 살펴보자. 이렇게 중요한 선택 압력을, 즉 살아 있는 생명체를 숨어서 지켜보고 있는 선택 압력을 얼마나 잘 견뎌 낼 수 있는지 살펴보자.

발리

길고 튼튼한 다리를 가지고 태어났다. 덕분에 다른 형제보다 더 멀리 달릴 수 있다. 또 시그마 아저씨의 앞머리를 부리로 쫄 수 있을 정도로 높이 뛸 수 있다.

필리

무시무시한 전염병이 돌아도 자연적으로 방어할 수 있는 굉장한 면역 체계를 가지고 있다. 기생충도, 박테리아도, 바이러스도, 문제가 될 여타의 균도 없다. 참나무처럼 튼튼한 병아리다.

킬리

나머지 형제보다 길고 강한 부리를 가지고

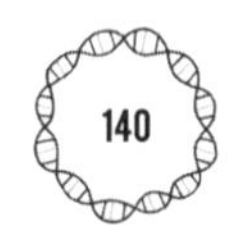

태어났다. 먹이를 찾으려고 땅과 거름 더미를 파헤칠 때 최고의 능력을 발휘할 수 있다.

토린

병아리 형제 중에서 가장 잘난 체하는 녀석이다. 풍성한 깃털 덕분에 따뜻하게 잘 수 있다.

레이날도

얘는 어떤 종류의 병아리인지 도무지 모르겠다. 긴 꼬리에 네 다리를 가지고 있다. 대개 혈통 좋은 병아리는 두 다리를 가지고 있는데 말이다. 날개도 정말 희한하다. 레이날도를 병아리로 본다면 좀 참담하다.

진화한 친구 여러분, 이젠 당신 차례입니다. 다음과 같은 선택 압력을 가장 잘 극복할 수 있는 병아리는 누구라고 생각하나요?

1. 병아리 형제가 강이 변해서 생긴 새로운 땅에 접근할 수 있게 되었다. 그곳은 좀 더 단단한 땅이긴 한데 구더기가 많이

있다. 누가 장화를 신을지 알겠니?

2. 아주 교활한 여우가 병아리 형제가 있다는 사실을 알아차렸다. 누가 가장 잘 도망칠지 알겠니?

3. 기후에 작은 변화가 생겨 병아리 형제가 살고 있는 지역이 좀 더 추워졌다. 이른 아침의 덜 익은 오이가 문제가 되지 않는 건 누구일까?

4. 강력한 전염병이 농장 지역을 강타해 전염병에 걸릴 위험에 처했다. 병아리 형제 중 누가 무사히 살아남을 수 있을까?

유전학이 주는 주의 사항

이 세상에는 살아 있는 개체가 재생산하기도 전에 이들을 죽음으로 몰고 가는 아주 위험하고 수많은 선택 압력이 존재한다. 그래서 자연은 개체 간 각각 다양한 특성을 가질 수 있도록 만들었다.

벌레의 경우 서로 다르면 다를수록 선택 압력에 맞서 적응해 살아남을 가능성이 그만큼 커진다. 덕분에 생명의 길을 열어 갈 수 있는 것이다.

살아남은 개체는 자신의 유전자와 특성을 자손에게 남길 수 있다. 그래서 대다수 종이 그토록 많은 자손을 갖길 원하는 것이다. 왜냐하면 그중 몇몇이 그들의 생존을 가능하게 해 주는 적절한 특성의 결합을 가질 확률이 높아지기 때문이다.

이젠 너도 잘 알겠지만 타인과 다른 너만의 유일한 특성이 있다면 진화에 있어서 강력한 적응력을 지녔을 가능성이 크다.

"자, 됐니? 이제 숙소로 돌아가야 할 시간이야. 날이 저물었으니까. 그리고 이 도고아르헨티노가 나를 너무 핥아 대고 있어."

시그마 아저씨가 마무리했다.

"네, 그만 숙소로 가요! 그런데 방금 아저씨한테 새 친구가 생긴 것 같네요."

막스는 웃으며 한마디 했다.

"헤헤헤! 도고아르헨티노의 저 긴 혀는 아침에 앞머리 빗을 때 쓸 수 있겠는데요."

"새로운 진화야. 털북숭이 개는!"

호세리타도 따라 웃었다.

시그마 아저씨는 별로 웃을 기분이 아닌 것 같았다.

"모두 놀리지만 말고, 날 좀 도와줄래? 나도 숙소에 가고 싶단 말이야."

CHAPTER 6

복제

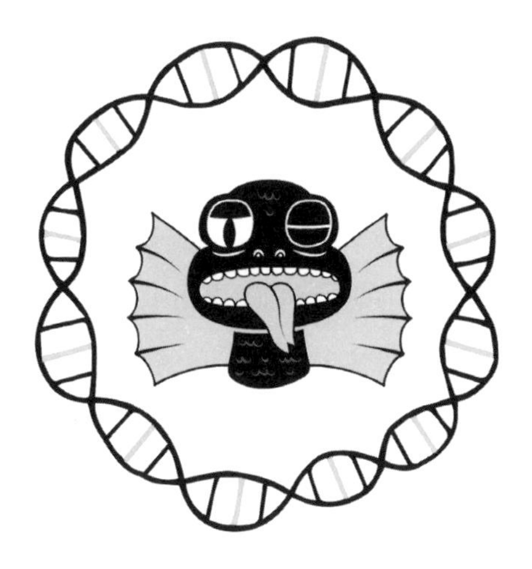

그날따라 막스에게 자꾸만 이불이 휘감겨 왔다. 몇 백 년은 잔 것 같은 느낌이 들었다. 아래층으로 내려갈 때까지도 여전히 꿈을 꾸는 것만 같았다. 정신 차려 보니 모두 소리를 지르며 숙소 이쪽저쪽을 미친 듯이 뛰어다니고 있었다.

"막스, 이거 네 방으로 가지고 올라가렴."

그중 이모가 제일 부지런히 움직이고 있었다.

"제 양말 한쪽이 보이지 않아요. 고양이 그려진 거요. 막스, 혹시

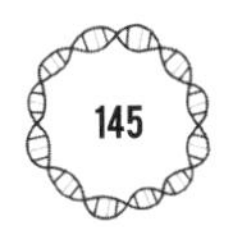

봤니?"

아다가 물었다.

"이 책 두 권은 이번 우리 여행에 정말 유용할 거예요."

시그마 아저씨는 양손 가득 커다란 책을 안고서 작은 소리로 중얼거렸다.

"나는 진한 커피가 필요해. 막스, 한 잔 타 줄 수 있니? 내가 지금 너무 바빠서."

호세리타가 부탁했다.

"지금 도대체 무슨 일이 벌어지고 있는 거예요!"

막스가 다급하게 소리쳤다.

"오늘 외출하기로 한 거, 기억 안 나니?"

이모가 대답했다.

"우리 까그바레떼 섬으로 여행 가기로 했잖니. 시그마와 호세리타가 다 준비해 놨어."

"아 참! 여행 가기로 했죠. 까맣게 잊고 있었어요."

모두 다시 분주해졌다. 막스에게도 빛의 속도로 여러 가지를 주문했다. 막스는 땀을 비 오듯 쏟으며 손을 부들부들 떨기 시작했다. 상당히 큰 소리로 헐떡이다가 마침내 폭발하고야 말았다.

"다들 미쳤어요? **나를 복제하는 분신술**을 쓸 수 없단 말이에요."

갑자기 모두 동작을 멈추고 막스를 바라보았다. 숙소는 침묵에

휩싸였다.

"너를 복제하는 분신술?"

시그마 아저씨가 물었다. 아저씨는 세탁 바구니를 들고 서 있었는데, 냄새로 미루어 보아 그리 깨끗하진 않은 것 같았다.

"너를 복제한다고?"

아저씨는 확인하려는 듯이 재차 물었다.

"너를 복제할 수 없을 텐데? 자, 그렇다면 21세기 생물학 교실에 온 것을 진심으로 환영한다!"

아저씨가 내복을 허공에 던지며 다짜고짜 소리쳤다.

“복제는 우리 인간이 상당 부분 정복한 기술이야. 쥐나 물고기, 병아리 등은 복제가 가능하지. 그런데 너를 복제한 인간을 만들 수 있을까? 복제 인간이 세 명만 있어도 오늘 충분할 텐데. 그래, 이렇게 분주하니까 복제 인간 부대를 만들고 싶다는 생각을 피할 수 없었을 거야. 마음껏 명령 내릴 수 있는 복제 인간 부대 말이야.”

“판박이 복제 인간을 말하는 거예요?”

아다가 질문을 던졌다.

“그래, 물방울 두 방울과 똑같은.”

“와아아아아!”

아다와 막스는 감탄하며 소리를 질렀다.

심화 자료 돋보기

복제된 최초의 포유류는 1996년 스코틀랜드에서 탄생한 **복제 양 돌리**였다. 돌리는 과학사에 새로운 출발점을 알리는 계기가 되었다.

그와 동시에 유전적인 물질에서 비롯된 살아 있는 생명체의 재현이 가능하다는 것을 보여 준 충격적인 사건이었다. 하지만 돌리는 어린 나이에 조로 현상을 보이면서 태어난 지 6년 6개월 만에 안락사로 생을 마감했다.

돌리가 빨리 늙은 이유 중 하나가 복제에 새로운 DNA를 사용하지 않고, 이미 늙은 어른 세포의 DNA를 사용한 탓이라고 추측했다.

과학자들은 **유전적인 정보만을 복제한 것이 아니라, 후성유전에 관한 것까지도 복제했다고 봤다.**

그런데 물리적으로 판박이로 복사한 것처럼 생겼다면, 그의 특성이나 기억까지도 복사될 거라고 생각하니?

계통도 건너뛰기
169쪽으로

시그마 아저씨의 부엌

양을 복제하는 방법

안녕, 친구들!

내 부엌에 온 것을 환영해. 물그릇이 물을 제외한 모든 것을 담아낼 수 있는 유일한 부엌이지. 요리법이 곧 실험 방법이자, 가설이고 실험인 곳이야. 오늘은 복제 양 실험을 해 보자. 자, 잘 기억해.

준비물

건강한 양 세 마리

과정

1. 양 A의 체세포를 채취해 핵을 추출한다(핵 A).
2. 양 B의 난자를 채취한 후 핵을 제거한다(난자 B).
3. 핵 A를 난자 B에 이식하면 수정란이 만들어진다.
4. 수정란을 양 C의 자궁에 착상시킨다.
5. 약 5개월을 기다리면 양 A와 똑같은 새끼 양을 얻을 수 있다.

그림으로 다시 한번 살펴보기로 하자.

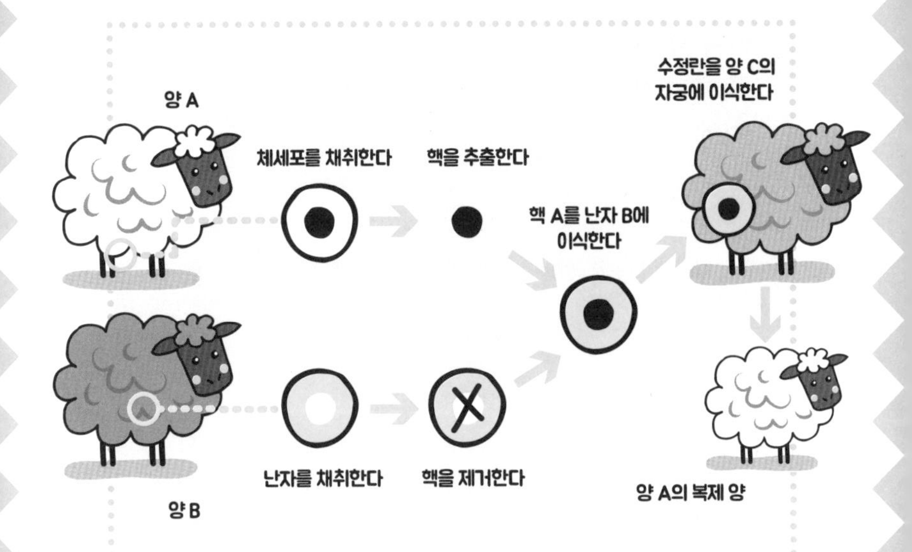

살아 있는 생물의 복제는 배우자의 유전적인 정보를 변형시키는 이와 유사한 방법으로 이루어져. 이렇게 간단한 방법으로 예컨대 아빠의 유전자 정보를 가지고 있는 세포와 엄마의 유전자 정보를 가지고 있는 세포가 결합하여 새로운 인간도 탄생하게 되지.

"복사해서 붙이는 것과 같잖아. 즉 컴퓨터 단축키 Ctrl+C, Ctrl+V 처럼."

막스가 말했다.

"시험에서 답을 베끼는 것하고도 같아."

아다도 한마디 덧붙였다.

"가장 좋은 것은 유전 물질의 완벽한 복사본과 난자와 클론을 키워 줄 대리모만 있으면 돼. 나머지는 자연이 알아서 하는 거야."

호세리타가 이야기를 마무리했다.

"생명체를 만들기 위한 세포 복제도 마찬가지야. 다양한 세포로 발전할 수 있는 첫 번째 원세포가 복제하기를 원하는 유전적인 물질을 가지고 있는 것이 가장 필요하지."

시그마 아저씨가 덧붙였다.

"제가 복제하고 싶은 사람은 마블 히어로의 창조주 스탠 리예요. 그러면 여기 있는 모든 사람에게 새로운 만화를 그려 줄 수 있을 거예요."

막스가 흥분하며 이야기했다.

"나는 동물학자인 제인 구달을 복제하고 싶어요. 침팬지 연구에 대해서 들려줄 수 있도록 말이에요."

아다가 덧붙였다.

"얘들아, 사람을 복제하는 건 아직은 불가능해."

시그마 아저씨가 끼어들었다.

"동물 실험을 통해 좀 더 완벽해질 때까지 기술을 발전시켜야 할 뿐만 아니라, 무엇보다 **인간 복제는 철저하게 금지되어 있어**. 유네스코 국제생명윤리위원회가 그런 법을 만들었지. 물론 이론적으로는 실행에 옮길 수 있지만 말이야. 여기에 대해서는 어떻게 생각하니?"

네 편을 골라 봐!

아다 저는 인간 복제를 허용해야 한다고 봐요. 제2의 아다를 만나서 그 애한테 내 이야기를 한다면 정말 재미있을 것 같아요.

막스 안 돼! 인간 복제는 옳지 않아. 이 세상 모두가 자기를 복제한 인간을 만든다면 어떻게 될지 상상해 봤니? 아마 모두 돌아 버릴걸.

너는 어떻게 할래?

까그바레떼 섬으로 출발해야 할 시간이 다 되었다. 배 시간에 맞추려면 좀 더 서둘러야 해서 복제에 관한 이야기를 접을 수밖에 없었다.

여행에 필요한 물건은 각자 챙겼다. 막스는 뭔가 좀 예민해져 있었다. 그러나 모두 이번 여행을 몹시 기대하고 있었다.

겨우 배에 올랐는데 승객은 아다 일행과 선장이 전부였다. 그때 나쁜 소식이 들려왔다. 파도가 심하게 쳤고, 하늘은 잿빛 구름으로 뒤덮였다. 배에는 모터보트가 하나 딸려 있었고 겨우 승객 몇 명만 탈 정도로 크기가 작았다.

아다는 엄청 들떠서 갑판 여기저기를 뛰어다녔다. 이와 대조적으로 막스는 얼굴이 새하얗게 질린 채 젖 먹던 힘을 다해 뱃전의 난간을 움켜잡고 있었다.

배는 별문제 없이 방향을 잡고 출항했다. 이 정도 속도라면 한 시간쯤 후 섬에 도착할 듯싶었다. 아다와 막스는 새로운 모험에 푹 빠져들긴 했지만, 머릿속은 계속해서 복제 문제로 되돌아가 있었다.

드디어 저 멀리 구름에 감싸인 푸른 섬이 모습을 드러냈다. 모두의 관심을 끌 만한 풍경이었다.

"저 섬에만 사는 동물 종이 있을까? 너 말이야, 다윈을 복제하는 상상, 해 봤니? 다윈을 데려와서 저 섬을 보여 주면 좋겠어."

아다가 입을 열었다.

"오, 정말 재미있겠다! 죽은 사람을 복제한다는 말이지? 좀비처럼. 피타고라스 좀비는 어때?"

막스가 말을 받았다.

"야, 너무 나가지 마. 나는 그냥 지금 다윈이나 윌리스가 있으면 좋겠다는 얘길 한 거야. 진화에 대해 좀 더 알고 싶거든."

아다가 이야기했다.

"아니면 암호 기계를 만든 앨런 튜링도 좋은데."

막스도 지지 않았다.

"방사성 원소를 발견한 마리 퀴리도."

아다는 흥분하기 시작했다.

"너희 말이야! 고양이 모르티메르를 좀비로 만드는 상상은 충분히 했잖아?"

시그마 아저씨가 둘의 말문을 막으려 들었다.

"아뇨!"

둘은 한목소리로 대답했다.

"좀비는 생각만 해도 재밌잖아요."

막스가 호세리타를 바라보며 동의를 구했다.

"과학자를 복제하는 과정도 정확하게 똑같아. 다만 복제하고 싶은 사람의 완벽한 DNA 표본을 구해야만 하지."

호세리타가 고개를 끄덕였다.

"그러면 완벽하게 새로운 인간이 되는 거야. 아마 자신의 과거는 전혀 기억하지 못할걸. 그래서 복제된 다윈이 과학을 좋아할 거라고 확신할 수는 없어. 새로운 다윈은 레게 가수가 될지도 모른다고."

시그마 아저씨가 머리를 긁적이며 계속했다.

드디어 섬에 도착했다. 상상 이상의 멋진 풍광이 이들 앞에 펼쳐졌다. 인간의 손때가 묻지 않은 야생의 원시림에서 타잔 영화를 찍어도 될 듯했다. 아다와 막스는 위대한 탐험가가 되어 주변을 돌아다니는 상상을 했다. 둘은 정글 깊숙이 들어갔고, 몇 시간을 걸어간 끝에 감탄사가 절로 나오는 장엄한 폭포 앞에 도착했다.

"우아아아아! 이슬라 소르나 섬은 아닌 것 같다고 말해 줘! 쥬라기 공원에……."

아다는 잠시 손가락을 입에 댄 채 망설였다.

"잠깐만! 아, 알았다. 시그마 아저씨, 결정했어요. 저는 어른이 되면 반드시 공룡 섬의 주인이 될 거예요. 아다 공원을 짓는 거죠. 복제 기술을 사용해서 말예요."

아다가 펼친 상상의 날개에 모두 웃음을 터뜨렸다.

소년 소녀 여러분, 아다 공원에 오신 것을 환영합니다! 생명 공학자이자 공원 관리자인 제가 여러분과 함께하겠습니다. 이 공원은 지구상 모든 지질 시대의, 다시 말해 캄브리아기, 페름기, 그리고 쥐라기 등에 살았던 모든 생명체를 한꺼번에 볼 수 있는 유일한 공원입니다.

최고의 고생물학 연구팀과 함께 혁명적인 과학 기술을 사용하여 수십만 년 전 사라진 종을 복원하였습니다. 이 모든 것은 공룡의 피를 빤 모기가 호박(나뭇진의 화석) 속에 갇혀 있었던 덕분입니다. 우리는 이 모기의 핏속 DNA를 추출하여 개구리의 DNA와 결합시킨 수정란을 만들어 부화할 때까지 인큐베이터에서 배양하였고…….

"제가 만들어 낸 공원 멋지지 않아요? 진짜 공룡, 그리고 사라져 버린 것까지도 새롭게 생명의 길을 열어 가는 전 세계 유일한 공원이라고요!"

"영화의 한 장면이 떠오르는데? 별로 독창적이지도 않아."

막스는 비아냥거렸다.

"내 공원에 끼어들지 마! 너는 절대로 들어오지 못하게 할 테니까."

"좋아, 얘들아. 너무 지나치게 상상 속으로 빠져들고 있는 것 알지? 현재로선 실현할 수 없는 이야기들이야. 아직 뛰어넘을 수 없는 장벽이 있거든. 양을 복제하는 것과 티라노사우루스를 복제하는 것은 전혀 달라. 영화에서는 너무나 쉽게 그려지지만 현실에서는 상당히 복잡하거든."

"아저씨는 흥을 깨는 데 일가견이 있어요."

아다가 투덜거렸다.

"아다, 네가 상상하는 건 굉장히 복잡해. 오늘날엔 정말 불가능한 거라고. 유감이지만 분명히 말해 줄게. 그건 네가 어른이 돼도 어려운 일이야."

호세리타가 덧붙였다.

"그 이유를 자세히 말해 줄까? 우선 완벽한 공룡의 DNA가 없어. 가까운 시일 안에 그것을 얻을 수 있을 것 같지도 않고. 그리고 모기 이야기 말이야. 그것 역시 가능성이 없어 보여. 모기에서 DNA를 얻었다고 해도 품질이 그리 좋을 것 같지 않거든. 우리가 수정

할 수 없는 부분도 분명히 있을 테고, 잘못된 부분도 있을 거야. 우리에게 유용한 계통학적으로 아주 가까운 종이 없거든. 그뿐만 아니라 수십만 개의 염기를 가진 DNA를 배양해야 하는데, 아직은 방법을 모르는 뭔가가 너무 많아. 인공적으로 공룡알도 만들어야 하고, 새끼 공룡이 태어날 때까지 배양도 해야 하고. 정말 어려운 문제야. 다른 일을 생각하는 게 더 나을 거야."

호세리타의 어조가 점점 더 강해졌다.

"아다 공원은 시작도 하기 전에 실패네요. 정말 잔인해!"

"더 문제가 되는 것은 영화 〈쥬라기 공원〉에 나오는 것처럼 공룡을 만들 수는 없다는 거야. 부족한 부분을 채우기 위해 개구리의 DNA를 사용하면 개구리와 공룡의 하이브리드(종이 다른 개체가 하나의 몸에 나타나는 혼종)가 만들어질 뿐이야. 다시 말해 '개구리공룡'이 탄생하는 거지."

호세리타가 시원시원하게 설명해 주었다. 모두 한바탕 신나게 웃었다.

갑자기 아다가 눈을 동그랗게 뜨며 말했다.

"잘 알겠어요. 공룡으로 가득한 아다 공원은 만들 수 없다는 것을 말이에요. 그렇지만 우리만의 공원은 만들 수 있지 않을까요? 무엇으로 만들면 좋을지……."

"병아리로!"

막스가 깔깔거리며 소리쳤다.

"아냐. 그건 너무 재미없어."

"그럼 호랑이로 만들자."

"아하, 좋은 생각이 떠올랐어! 하이브리드 공원을 만드는 거야!"

"완전 좋은 아이디어야! 그렇다면 병아리-호랑이는 어때?"

아다가 그 모습을 종이 위에 재빨리 그리면서 말했다.

"너 정말 기발하다. 나는 다른 종을 생각했어. 거위-고양이나 반은 코끼리이고 반은 기린인 코린 말이야."

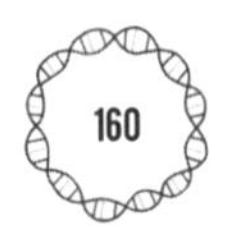

소년 소녀 여러분, 아다 공원에 오신 것을 환영합니다! 생명 공학자이자 공원 관리자인 제가 여러분과 함께하겠습니다. 이곳은 여러분이 단 한 번도 상상해 보지 못한 동물로 가득한 전 세계 유일한 공원입니다. 코뿔소와 말이 합해진 유니콘, 전기를 방출하는 뱀장어와 고양이가 섞인 피카추, 이 친구도 다른 포켓몬처럼 계속해서 진화한답니다. 네스호 괴물의 새 버전도 물론 있습니다. 코끼리와 기린 그리고 고래가 합해진 코린고도 있습니다. 코린고는 구닥다리 아니냐고 항의를 하실지 모르겠습니다. 물론 코린고는 수영하는 데 애로 사항이 좀 있습니다. 우리가 생각한 것처럼 완벽할 수는 없으니까요. 그렇지만 상당히 접근하긴 했습니다. 우리는 새로운 코린고를 만들어 내기 위해 더욱더 노력할 것입니다. 유전학의 진정한 승리를 의미하는 네스호의 괴물을 만들어 낼 때까지 말입니다.

우리는 각각의 특성에 맞는 유전자를 분리해 다시 조합해 냈습니다. 그런데 잠깐만요. 대미를 장식하기 위한 최고 작품은 감춰 놓았답니다. 자, 이리로 오십시오. 이 유일한 동물을 감상해 보세요. 별 중의 별, 최고 스타가 될 새로운 종은 두구두구두구…… 병아리용입니다. 병아리와 용이 합쳐진 종이지요. 이름은 레이날도입니다!

"그럴듯하지 않아요? 레이날도는 병아리가 아니고, 병아리와 용의 하이브리드예요. 그래서 비늘도 있고, 걷기도 하고, 저런 주둥이

를 가진 거라고요. 모든 것이 딱 맞아떨어져요. 우리에게 병아리용이 있다고요!"

아다가 소리쳤다.

심화 자료 돋보기

하이브리드는 서로 다른 종을 교배해서 만들어 낸다. 하이브리드가 갖고 있는 특징은 양쪽 조상에게서 온다. 과학적으로 지어낸 이야기 같지만 하이브리드는 생물의 세계에서 자연스러운 현상이다. 오랜 역사 동안 인간은 이용을 위해 더 좋은 특성을 가진 살아 있는 생명체, 즉 하이브리드를 개발해 왔다. 우리는 관습에 따라 이런 새로운 존재에 아빠 쪽 종을 앞에, 그리고 엄마 쪽 종을 뒤에 넣어 이름을 지었다. 앞서 아다가 그랬듯이 말이다. 그래서 호랑이와 표범의 하이브리드를 타이가드, 염소와 양의 하이브리드를 지프, 얼룩말과 말의 하이브리드를 제브로이드라고 부른다. 물론 식물에서도 이와 유사한 하이브리드가 있다. 참, 노새도 하이브리드라는 거 알지? 그래, 수탕나귀와 암말의 하이브리드가 바로 노새이다. 그리고 하이브리드의 상당수는 노새와 마찬가지로 새끼를 낳지 못한다. 아다 말대로 레이날도도 하이브리드일까?

복제가 주는 주의 사항

대부분의 사람들은 하이브리드가 아주 멋질 것이라고 상상한다. 말의 다리와 인간의 몸통을 가진 켄타우로스, 기린의 목에 코끼리 몸통을 가진 기끼리. 그러나 반대도 상상해 봤니? 말의 머리를 가진 인간! 과학적으로 실패한 경우를 상상해 보면 너무 끔찍할 것이다. 과학자들은 실수를 견딜 만큼 단단한 사람들이 아니다. 그런데 가끔 착각은 하거든.

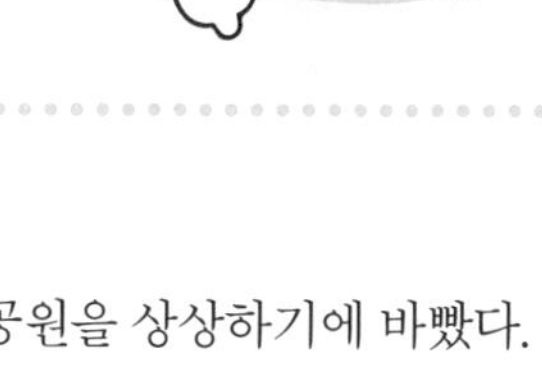

아다는 섬을 여행하는 내내 아다 공원을 상상하기에 바빴다.

'여기에 피가추를 풀어 놓아야지.'

혼자 계속해서 속으로 중얼거렸다.

'이 폭포는 불꽃송어에게 완벽한 장소야. 그리고 여긴 복어 유전자를 가진 덕분에 공처럼 부풀어 오르는 햄스터볼에게 딱 어울리는 곳이고.'

여행이 끝났을 때 아다는 녹초가 되어 있었다. 그러나 마지막 실험을 위한 에너지는 악착같이 남겨 두었다.

"레이날도가 병아리용이라는 제 이론을 확인해 보고 싶어요."

아다의 열정에 쉽게 공감할 수는 없었지만 모두 아다 뒤를 따라갔다.

"그걸 어떻게 증명할 건데?"

막스가 물었다.

"내 이론이 맞다면 레이날도는 입으로 불을 뿜을 수 있을 거야! 너 〈왕좌의 게임〉 못 봤어?"

아다는 마치 〈왕좌의 게임〉에 나오는 타가리엔처럼 손으로 레이날도를 낚아챘다.

"자, 우리 새끼, 불 좀 뿜어 봐. 레이날도, 어서! 나는 네 아빠를 안단 말이야. 레이날도……."

아다가 끈질기게 물고 늘어졌지만 레이날도는 그만 잠이 들어 버렸다. 어이없는 상황에 모두 웃음이 터지고 말았다.

"용은 지금도 옛날에도 존재하지 않았어. 유감이지만 과학자들은 용이 살았던 흔적을 찾아내지 못했어."

호세리타가 말했다.

"잠깐! 기술적으로 이야기하자면 용은 존재할 수 있어!"

시그마 아저씨가 호세리타의 말을 정정했다.

"그렇지만 아다, 네가 상상하는 것과는 달라. 땅에서 사는 도마뱀의 친척쯤 될 거야. 코모도도마뱀처럼 말이야. 하지만 코모도도마뱀은 입에서 뿔을 내뿜진 않아. 살아 있는 동물이라면 불가능한 일이지."

"그러면 용은 복제할 수 없나요?"

"없어!"

"공룡도요?"

"마찬가지야."

"그 어떤 종류도요?"

"현재로선 안 돼."

"그렇다면 복제는 아무짝에도 쓸모가 없잖아요!"

"착각은 금물이야, 우리 미래 과학자님. 복제는 생명을 구할 수 있단다!"

심화 자료 돋보기

우리는 개인의 세포를 가지고 장기 복제가 가능한 시점에 가까이 왔다. 복제를 통해 사고나 질병으로 상처받은 장기를 고칠 수 있다. 완벽하게 건강한 다른 장기로 바꿔서 말이다. 그렇게 되면 기증자의 장기를 받으려고 오랜 시간 기다리지 않아도 된다. 또한 똑같은 DNA를 가지고 있는 다른 장기로 교체해도 몸이 자기 장기로 인식하기 때문에 이식으로 인한 부작용도 발생하지 않을 것이다. 장기 복제는 수없이 많은 생명을 살릴 것이다.

복제가 주는 주의 사항

과학자들이 말하는 장기 복제는 완전한 인간을 만들어 그에게서 장기를 추출하는 것을 가리키는 것이 아니다. 그러한 상황은 영화에서나 펼쳐지는 이야기이다.

과학자들은 인공 장기를 생산해 내는 방법을 연구한다. 이러한 과정에서 장기가 필요한 사람의 것과 똑같은 조직(복제된 조직)을 이용한다.

겨우 숙소로 돌아온 아다 일행은 소파에 털썩 주저앉았다. 정말 빡빡한 하루였다. 막스는 숨 쉴 기운도 없었고, 눈꺼풀이 자꾸만 아래로 내려왔다.

하지만 배 속에서는 열 마리 용이 먹을 것을 달라고 외치는 듯한 꼬르륵 소리가 들려왔다. 그러자 아다의 배가 그보다 더 크게 화답했다.

"동물 복제할 생각을 하면 배가 고픈가 봐요."

아다가 이야기했다.

"나는 일어날 기운도 없어. 일류 요리사를 복제하면 인류를 위해 커다란 공을 세울 수 있을 텐데."

막스도 한마디 거들었다.

"좋은 생각이 났어!"

이모가 부엌에서 나오며 말했다.

"내가 오늘 아침 복제해 놓은 40개의 크로켓을 먹으면 어때?"

CHAPTER 7

후성유전학

저 멀리서 소름 끼치는 소리가 들려왔다. 소리가 나는 쪽으로 고개를 돌려보니 비행기가 땅을 스치듯이 날아오르고 있었다. 주차장에는 언제든지 떠날 채비를 갖춘 노란 택시 몇 대가 주차되어 있었다.

"호세리타 언니, 공항까지 배웅해 줘서 고마워요."

아다가 감사의 인사를 했다.

"제 인생 여행이었어요. 절대로 잊지 않을게요."

눈가가 촉촉해진 막스도 인사를 했다.

"발린, 토린, 킬리, 필리 그리고 레이날도를 잘 돌봐 줄 거죠? 정말 장난꾸러기들이에요."

병아리 형제는 어느새 상자에서 도망쳐 나와 주변을 돌아다녔다. 다른 형제와 생김새가 엄청나게 다른 레이날도도 진짜 병아리와 똑같이 행동했다.

"걱정하지 마! 우리 삼촌 집으로 데려갈게. 농장을 하시니까 거기서는 모두 행복하게 살 수 있을 거야."

그때 가까운 하수구에서 날카로운 휘파람 소리가 들려왔다. 모두 고개를 돌렸다. 하얀 연기가 엄청나게 솟구치더니 마침내 하수구 덮개가 열리고 연기 속에서 시그마 아저씨가 나타났다. 티 없이 깨끗한 하얀 가운 차림에 빳빳한 앞머리를 하고서.

"아저씨, 뭘 하셨는데 하수구에서 나오는 거예요?"

아다가 깜짝 놀라 물어보았다.

"그런데도 얼룩 한 점 없어!"

막스가 지적했다.

"길거리에는 장애물이 많아서 하수도로 카약을 타고 왔지. 레이날도에 대한 정말 중요한 정보를 가져와야 했으니까."

"레이날도의 유전자 서열 분석 결과가 나왔나요?"

호세리타가 물었다.

기억해 두자!

게놈 시퀀싱이란 한 생물체의 전체 DNA 염기 서열을 분석하는 기술이다. 이 기술 덕분에 우리는 생물이 가지고 있는 많은 유전자를 알 수 있고, 유전 정보를 꺼낼 수 있게 되었다.

"물론이지! 우리는 과학적으로 레이날도가 병아리가 아니라는 것을 확인했어."

"네, 거기까진 별로 이상하지 않아요."

아다가 말했다.

"그렇지만 레이날도는 달걀에서 나왔잖아요?"

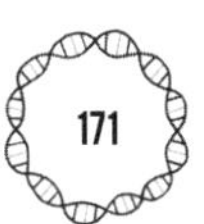

막스는 방금 들은 소리를 믿을 수 없다는 듯이 소리쳤다.

"분명히 다른 병아리들 곁에 놓였던 알에서 나왔어요!"

"그러나 핀치 교수가 둥지를 발견했을 때, 아주 가까운 곳에 다른 두 동물 종이 알을 낳았을지도 몰라. 우연히 그 알들이 둥지에 섞여 들어가게 된 거지."

"그렇다면 하나는 병아리일 테고, 다른 하나는 무슨 종이에요?"

"그건 바로…… 말레이날도마뱀이야."

아저씨가 드디어 레이날도의 정체를 밝혔다.

아다는 흥분하기 시작했다.

"말레이날도마뱀이라고요? 도마뱀은 용의 친척이잖아요. 제가 기다리던 소식 중 최고인걸요! 레이날도가 자라면 분명히 날아다니면서 입으로 불을 뿜을 거예요."

"아다야. 너무 흥분하진 마."

호세리타가 얼른 입을 열었다.

"말레이날도마뱀은 영화 속에 나오는 거대한 용이 아니야. 아주 작은 도마뱀이라고. 다만 날개가 있긴 하지."

심화 자료 돋보기

때때로 동물들에게 날아다니는 용이라는 의미의 '날도마뱀 flying dragon'과 같은 재미있는 이름을 붙이기도 한다. 이런 식으로 부르긴 해도 사실 날도마뱀은 몸길이가 19~23센티미터 정도로 아주 작은 파충류의 일종일 뿐이다. 한 뼘 정도 되는 크기지.

이런 이름이 붙은 이유는 나무에서 사는 것을 좋아하고 이쪽에서 저쪽으로 옮겨 갈 때 폴짝 뛰어서 활공하기 때문이다. 피부 주름이 날개처럼 펼쳐지도록 진화하여 활공이 가능한 것이다. 정말 영리한 작은 용, 즉 도마뱀이다. 그렇지만 산란기가 되면 날도마뱀의 암컷은 나무에서 내려와 땅에 알을 낳는다. 날도마뱀의 대표 종이 바로 말레이날도마뱀이다. 이 작은 용의 친척인 도마뱀은 주로 인도나 필리핀의 열대림에서 살고 있다.

"그런데 여전히 이해되지 않는 점이 하나 있어요. 호세리타 언니 설명대로라면 레이날도는 주로 나무에서 살면서 여기저기 활공하면서 다녀야 하는데, 왜 지금은 땅바닥에 살면서도 행복해하는 거

죠? 마치 병아리처럼 사는데도 말이에요."

아다가 질문을 던졌다.

실제로 레이날도는 병아리 형제와 사이좋게 살고 있다. 병아리가 하는 행동을 똑같이 흉내 내면서 말이다. 만일 다른 형제가 벌레를 찾으려고 땅을 헤적이면 레이날도도 따라서 한다. 저녁이 되어 웅크리고 잠을 청하면 레이날도 역시 얼른 형제 한가운데 자리를 잡는다. 물론 이렇게 노력하긴 하지만 완벽하게 따라 하진 못한다.

"우리 미래 과학자님들, 너희도 곧 알게 될 거야. 레이날도의 DNA가 도마뱀의 것이라는 사실을 말이야. 그런데 개체는 자기 유전자에 쓰인 대로 행동하기도 하고, 다른 개체를 보고 그것이 살아가는 대로 따라 하기도 해. 우리 주변 환경이 유전자가 반응하는 방법을 바꿔 놓기도 하는 거야. 예를 들자면, 나는 유전자 덕분에 (엄마로부터 물려받았지) 이렇게 굵지만 비단결 같은 머릿결을 가지고 있어. 그러나 머릿결이 좋은 건 내가 무엇이든 잘 먹고 건강을 열심히 챙긴 덕분이기도 해. 너희도 잘 알고 있겠지만 유전적인 요인과 환경적인 요인, 이 두 가지를 세심하게 살펴야 한단다. 똑같은 유전자를 갖고 태어난 일란성 쌍둥이라고 해도 식습관 등으로 인해 서로 다른 질병에 걸릴 수도 있고, 키나 탈모 등 외향적인 면이 달라질 수 있어. 어떻게 살아가는지에 따라 활성화되는 유전자가 달라지는 셈이지."

"이것만이 아니야."

호세리타가 덧붙였다.

"살아 있는 생물은 배워 가면서 새로운 행동 양식을 얻게 돼 있어. 많은 동물이 모방만으로도 엄청 배우는 거야. 물론 레이날도가 바꿀 수 없는 것도 있어. 왜냐하면 유전자에 확실하게 쓰여 있기 때문이지. 예를 들면 비늘과 둘로 갈라진 혀가 있는 것. 그리고 아주 쉽게 나무를 탈 수 있는 것도 말이야. 반대로 형제로부터 배우는 것도 있어. 예를 들어 저녁이 되면 함께 모여서 웅크리고 잠을 자는 건 여기에 속하지."

아다는 점점 더 깊은 인상을 받았다.

"그렇다면 레이날도의 행동 변화가 유전자에도 영향을 주나요? 다시 말해서 우리를 둘러싸고 있는 환경이 우리 유전자에 영향을 미쳐서 유전자를 바꿔 놓을 수도 있나요?"

"아다, 너 지금 왔다 갔다 하고 있잖아. 다윈과 라마르크의 닭싸움, 잊어버렸어? 그 싸움에서 다윈이 이겼어. DNA의 변화는 우연에 의해 일어나는 거라고."

계통도 건너뛰기
130쪽으로

"그래, 그건 분명히 기억해. 그렇지만 지금은 DNA 염기 서열 변화 없이 나타나는 변화를 이야기하는 거야. 아데닌, 티민, 구아닌, 시토신과 같은 글자의 변화 없이 환경이 다른 방식으로 유전자에 영향을 미칠 수 있다고 말이야."

"아다, 너는 정말 위대한 과학자가 될 거야."

시그마 아저씨가 자신 있게 이야기했다.

"방금 아다가 인간 게놈 분석에서 비롯된 최신 유전학 개념에 대해 이야기했어. 바로 **후성유전학**이지."

"뭐라고요?"

아다와 막스가 동시에 반문했다.

"후성유전학!"

아저씨가 다시 말해 주었다.

"앞서 DNA와 RNA에 대해서 이야기한 것을 떠올려 봐. 모든 개체는 DNA나 RNA의 정보로 단백질을 만들어서 생체 활동을 해 나간다고 했지? 이렇게 우리 유전자가 일할 수 있는 능력은 단백질을 생산하는 능력과 연결되어 있어. 그런데 환경이 유전자의 행동을 바꾸기도 해.

예를 들어 볼게. 우리 피부가 갈색으로 변한다면 믿을 수 있겠니? 멜라닌은 흑갈색 알갱이 색소로 우리 피부를 갈색으로 바꿀 수 있는 물질이야. 그런데 사람의 멜라닌 세포에는 멜라닌 생산을 통제하는 유전자가 있어. 우리가 일광욕을 하면 자외선으로부터 피부를 보호하려고 멜라닌 세포의 스위치를 켜. 그러면 많은 양의 멜라닌이 생산되고, 덕분에 우리는 색다른 피부를 가질 수 있게 되는 거지."

진화가 주는 주의 사항

인간의 유전자는 언제나 똑같은 속도로 단백질을 만들어 내진 않는다. 많은 양의 단백질이 필요할 때는 이 유전자가 단백질을 전속력으로 생산할 수 있도록 자극을 준다. 이런 경우에 유전자가 많이 발현된다고 이야기한다. 그러나 어떤 경우에는 반대로 흘러가기도 한다. 유전자가 침묵하면서 단백질 생산을 멈추는 것이다.

필요에 응답하면서 발현할 것인가, 아니면 침묵할 것인가를 결정하는 유전자의 능력을 후성적인 능력이라고 한다.

우리 세포는 유전자가 언제 발현되어야 하고 언제 침묵해야 하는지를 잘 알고 있다. 그런데 바로 우리가 처한 환경이 이에 대한 정보를 준다. 앞서 얘기했듯이 태양 빛이 강하다는 것을 인지하면 멜라닌 생산을 시작한다. 멜라닌은 피부가 자외선으로부터 해를 입는 것을 방지하고 체온을 유지하는 데도 도움을 주기 때문이다.

그리고 나이가 먹었다는 것을 눈치채면 콜라겐 생산을 멈춘다. 콜라겐은 우리 피부에 들어 있는 단백질의 일종으로 콜라겐 생성이 적어지면 주름이 생긴다.

각각의 세포의 DNA가 하나의 끈이라고 상상해 보자. 이 끈에 많은 유전자가 꼬리에 꼬리를 물고 늘어서 있다고 말이다.

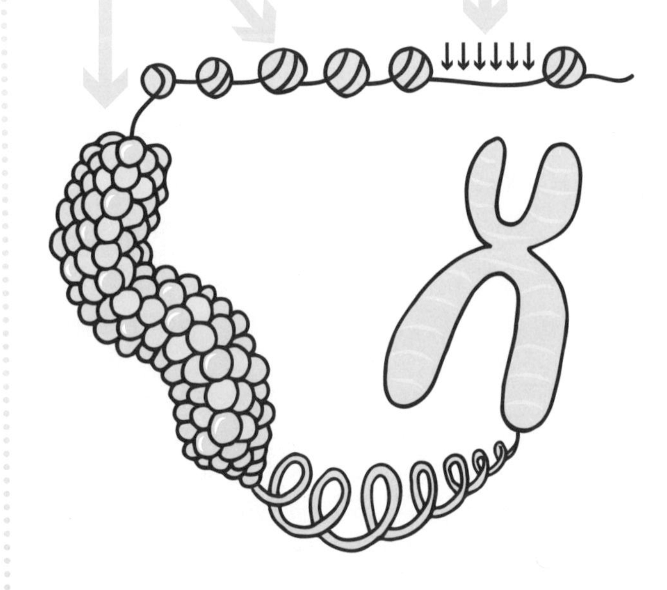

발현된 유전자는 세포가 그것을 읽고서 단백질을 생산하도록 팽팽하게 당겨 펴질 것이다. 침묵을 지키고 있는 유전자는 끈의 매듭처럼 꼬여 있어 세포가 유전자를 읽을 수 없다.

최근 후성유전학이 뜨거운 관심을 받는 이유는 의학과 기초생명과학 분야에 큰 변화를 가져올 것으로 기대되기 때문이다. 우리가 지닌 유전자가 환경에 따라 스위치를 켜고 끄듯이 조절이 가능하므로, 질병을 발생시키는 유전자의 스위치를 찾아서 꺼 버린다면? 그렇다, 해당 유전자는 발현되지 않을 것이다. 즉 질병을 조기에 예방할 수 있게 된다. 특히 암과 같은 질병의 연구가 활발히 이루어지는 중이다.

"저렇게 뼈만 앙상하게 남은 레이날도에게도 이런 일이 일어났다는 이야기죠? 도마뱀인 레이날도가 놓인 환경이 병아리의 행동을 따라 하게 변화시킬 정도로 유전자를 조정해 버렸네요. 여기 좀 봐요! 레이날도가 이모를 쪼고 있는데요?"

이모는 항공권을 들고 공항 청사에서 나오는 길이었다.

"레이날도! 내 스타킹에 구멍 내면 어떡하니."

이모가 투덜댔다.

"이 말썽쟁이야, 너는 부리가 아니라 날카로운 이빨이 있잖아. 자, 얘들아 여기 항공권 받아라. 탑승구로 가야 할 시간이다."

"호세리타, 너와 함께 공부도 하고 연구도 할 수 있어서 정말 즐거웠어."

시그마 아저씨가 작별 인사를 했다.

"저도 마찬가지예요. 이 병아리 형제와 병아리가 되고 싶어 하는 도마뱀, 제가 잘 돌볼게요. 언젠가 또다시 필리핀에 오길 기원할게요."

"내년 여름에 꼭 누나를 보러 올게요."

막스가 용기 내서 이야기했다.

"조심해라, 막스. 지키지 못할 약속은 함부로 하는 게 아니란다. 필리핀은 스페인과 너무 멀리 떨어져 있어."

이모가 말을 받았다.

"이곳에 다시 못 온다고 해도 우리에겐 메신저가 있잖아요. 그리고 필리와 킬리, 토린과 발린 그리고 병아리가 되고픈 레이날도를 찍은 동영상을 언니가 보내 줄 수 있을 테고요."

아다가 웃으며 이야기했다.

"걱정 마! 병아리 형제가 재미있는 행동을 하면 반드시 찍어서

보내 줄게."

"이렇게 말이지?"

시그마 아저씨가 자기 앞머리를 가리켰다. 거기에 다섯 마리 병아리 형제가 아주 편안하게 자리를 잡았다.

"형질전환-변이 클론 같아요. 인간과 병아리 그리고 도마뱀을 하나로 합친."

아다가 말했다.

"유전학은 놀라운 거야."

막스가 결론을 내렸다.

모두 큰 소리로 웃으며 작별 인사를 나눴다. 후성유전자의 뭔가가 영원히 바뀌었다는 것을 알 수 있었다.

너의 과학 아이디어를 위한 공간

돌연변이 용과 함께 배우는 유전학

초판 1쇄 2019년 1월 7일
초판 2쇄 2021년 1월 25일

지은이 빅반
옮긴이 남진희

책임편집 신정선
마케팅 강백산, 강지연
디자인 이정화, 이미연

펴낸이 이재일
펴낸곳 토토북
주소 04034 서울시 마포구 양화로11길 18, 3층 (서교동, 원오빌딩)
전화 02-332-6255
팩스 02-332-6286
홈페이지 www.totobook.com
전자우편 totobooks@hanmail.net
출판등록 2002년 5월 30일 제10-2394호
ISBN 978-89-6496-392-0 43470

이 책은 저작권법에 의해 보호를 받는 저작물이므로 무단 전재 및 무단 복제를 금합니다.

· 잘못된 책은 바꾸어 드립니다.
· '탐'은 토토북의 청소년 출판 전문 브랜드입니다.
· 이 책의 사용 연령은 14세 이상입니다.